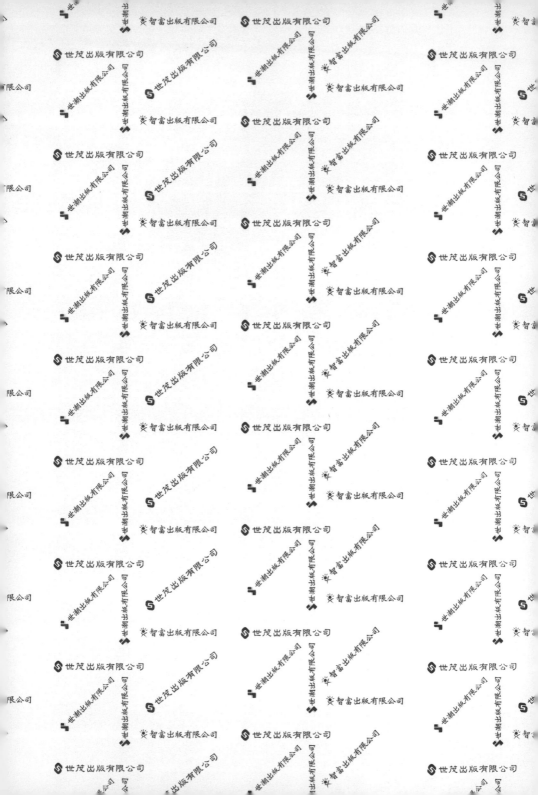

放學後的理科教室

33個在家就能做的小實驗，玩出理科力！

理科教室

理系力が身につく週末実験 身近な不思議を読み解く科学

尾嶋好美 著　宮本一弘 監修　陳政疆 譯

前　言

　　隨著智慧型手機的普及，我們隨時隨地都可以獲得來自全世界的資訊。科幻作家亞瑟・查理斯・克拉克（1917～2008年）曾寫道：「科技發展到一定程度時，就和魔法沒什麼兩樣了」。現在也有許多魔法般的科技陸續誕生，譬如可以遠端操作的手術機器人、僅讓特定的人聽到的音響系統等等。

　　隨著科技的發展，未來的職業與工作方式也會產生很大的變化。在日本處於快速成長期時，除了研發人員、藝術家、創業家等少數職業以外，大部分的人都將「精確無誤地完成固定工作」「依照理論解決問題」奉為圭臬。但在這個「不曉得未來會發生什麼事」的年代，每個人都需要「處理未知事物的能力」。

　　若要培養處理未知事物的能力，須先培養「發現、解決問題的能力」「邏輯性思考的能力」「不斷嘗試的能力」。本書將這些能力統稱為「理科力」。

我認為，培養理科力的最佳方法，就是做科學實驗。透過科學實驗，可以讓孩子們自發性地思考「該怎麼做才能找到答案」「為什麼會得到這樣的結果」，建立起「這麼做就可以找到答案」「原因大概是如何如何」的假說後，再進行實驗。如果實驗結果不符假說，再思考「為什麼會這樣？」並用不同方法再次實驗，不斷嘗試以找出答案。實驗過程不只要有客觀性，也要有再現性。再現性指的是「其他人來做同一個實驗時，也會有一樣的結果」。

實驗通常會在學校或研究室內進行，不過，本書中的實驗在一般家庭內也可以做。本書將介紹 33 個實驗，並分成以下七大主題。

- 數值化
- 反應
- 分離
- 模型化
- 比較
- 可視化
- 觀察變化

這樣的分類能夠幫助讀者理解實驗時該觀察哪些對象，以及該如何進行實驗。在每篇章節的內容中，也會從科學的角度說明「為什麼會得到這樣的結果」，給予讀者提示，幫助讀者建立邏輯性的思路。

此外，本書嚴選出來的實驗皆可在短時間內完成，同時也能讓人實際感受到生活周遭物品的神奇之處。有些實驗需靜置一段時日觀察變化，不過大部分都可以在一個週末內完成，所以請讀者們一定要嘗試看看。除了這 33 個實驗，本書還在「應用篇」中列出了幾個額外的實驗，如果可以讓讀者們覺得「這些實驗也蠻有趣的耶」，並成為理解科學實驗的參考資料，那就太棒了。

本書的實驗不會失敗，但因為每個家庭的環境不大一樣，所以做實驗時可能會產生與本書內容不同的結果。這時候，請想像自己是在觀賞一場魔術秀。當魔術秀出現意料之外的結果，總是會讓人「想知道為什麼會這樣！」讓人「想知道魔術原理！」不是嗎？提起對科學的興趣後，進行更多嘗試，便能逐漸提升自己的理科力。

我自己在做那些已知原理、已做過很多次的實驗時，也會興奮地看著眼前的變化。如果這本書能讓各位覺得，「感覺真有意思，就來試試看吧！」身為作者的我也會備感榮幸。

尾嶋好美

CONTENTS

序　章

為什麼要將生活中的事物與科學實驗結果

第1章

分離

放學後的理科教室：

33個在家就能做的小實驗，玩出理科力！

實驗注意事項

- 小朋友做實驗時一定要有大人陪同。

- 用火與使用微波爐時請小心不要引起火災。實驗前請將周圍布置成不易延燒的環境（不要在周圍放置易燃物，不要讓用火裝置倒下），準備好滅火器材，目光不要離開火源。另外，**絕對不要**在有粉塵飛舞的地方、有揮發性可燃物的地方或可能引發爆炸的地方進行實驗。實驗使用的器材接觸到垃圾、粉塵、水分時，可能會發生異常燃燒。使用潮濕的蠟燭，或者以水熄滅蠟燭時，飛散的火花也有可能會引起火災，十分危險。

- 取用刺激性強的物質時，請注意不要讓這些物質碰到手、口、眼睛。實驗中若有用到廚具、餐具、食品等，亦須注意安全及衛生。

- 「實驗所需物品」中會列出實驗需要的材料與工具。量測時需要的工具及家庭常見設備不會特別寫出，請預先準備好。如果分量寫的是「適量」，請參考「實驗方法」，或者以使用工具的大小來調整使用分量。

- 隨著室內溫度、濕度、使用材料的不同，實驗可能不會出現預料中的結果，試著思考實驗不成功的原因也能學習到新知識。

參考本書進行實驗時，無論實驗結果為何，作者、監修者、出版社均不負任何責任。

實驗前後應留心、記錄的事項

□ 實驗內容

「做了○○實驗」「觀察對○○進行○○實驗時產生的變化」
等。

□ 日期與時間

如果要靜置觀察其變化，要記錄下靜置時間。

□ 實驗目的

做這個實驗是為了知道什麼？

□ 對結果的猜測

你認為會得到什麼結果。

□ 實驗計畫、方法

參考本書中「實驗所需物品」「實驗方法」，盡可能詳細記錄。

□ 實驗結果

記錄實驗時，哪個東西發生了什麼事，如果可以拍下照片更
好。

□ 討論

思考為什麼會得到這樣的結果。

□ 參考的書籍或網站

準備或討論實驗時，要是有不懂的地方，請從各種書籍或網
站中尋找答案，並記錄自己是在哪個地方找到這些答案。

＊如果要做為自由研究發表，或是要發表在社群網站上，請再加上「標題」與「實驗動機」。

　　我們的日常生活中，其實一直都在做實驗。以料理為例，我們會先預測「要做什麼樣的料理」，然後動手準備材料、開始料理，完成料理後再分析結果是「好吃」還是「難吃」，所以「實驗」並不是什麼特別的東西。

　　實驗就像是在開發新的料理食譜一樣，若將一份好的食譜拿給其他人，他們可以依照這個食譜做出相同的料理、相同的味道。只有「使用什麼材料？使用多少量」「依照什麼步驟做」會影響到做出來的料理，「在何時？何地？由誰來做？」則不會影響到料理結果。這種「重現性」對食譜或實驗來說，都是一大重點。食譜和實驗過程，都必須寫得讓每一個人都能看得懂，並能做出相同的結果。

　　為了讓實驗有「重現性」，就必須「數值化」。舉例來說，假設我們想藉由實驗，了解不同溫度下的洗髮精泡泡有什麼不同。如果實驗過程只寫「將洗髮精放入冷水或熱水中，充分搖晃，比較兩者泡泡的差異」，其他人應該不大容易將實驗重現。如果將其數值化，改寫成「取兩個 500 mL 的寶特瓶做為容器，一個裝入 200 mL 的 60℃熱水，另一個裝入 200 mL 的 10℃冷水，接著於兩個容器中分別加入 1 mL 的○○牌洗髮精，分別上下搖動 30 次」，其他人會比較容易重現這個實驗。

　　像這樣記錄各種數值時，除了容易計算的個數、次數，用到其他單位時也要準確量測才行，因為我們的「感覺」其實不怎麼靠得住。

　　舉例來說，薄荷醇是薄荷的成分之一。將含有薄荷醇的噴霧噴在皮膚表面時，會有「冰涼」的感覺。發燒時貼在額頭上的貼布、含有薄荷醇的入浴劑就是利用這個機制，讓人感覺到清爽。

　　但事實上，薄荷醇並沒辦法降低體溫。我們平時會透過皮膚或口腔內的感覺神經來感覺體溫，感覺神經與多個溫度感覺受器相連，不同的受器會在不同的溫度下產生反應。某些對低溫有反應的受器，也會對薄荷醇產生反應，所以薄荷醇的刺激才會讓我們覺得「冰涼」。

　　另一方面，某些對高溫有反應的受器，也會對辣椒的成分──辣椒素產生反應，所以辣椒素的刺激會讓我們覺得「熱」。

　　由以上例子，以及下頁開始介紹的簡易實驗可以了解到，我們所感覺到的溫度會和實際的溫度不一樣，而且每個人的感覺也各不相同。不只是溫度，精確測量重量、容量、長度（距離）、時間等，皆為科學實驗的基本。

　　日常生活中，我們會藉由體重與腰圍的數值，判斷減肥有沒有成功。商業上，掌握營收數字更是基本中的基本。請不要依賴感覺，要用數值化的資料進行初步分析。

有些資訊要在數值化後才能看出端倪。

哪個比較冷？別被感覺騙了

　　在同一室溫下，有人覺得「冷」，也有人覺得「熱」，每個人的感覺各有不同。食物也一樣，濕潤的食物和乾燥的食物即使溫度相同，也會讓人覺得一個燙一個涼。

　　進入海中或游泳池內時，一開始會覺得「冷」，但是待久一點之後，就能夠適應水中的溫度，漸漸開始覺得水裡比較溫暖了，不是嗎？水的溫度並沒有改變，改變的是我們的感覺。

　　讓我們實際感受一下「人體感覺難以準確判斷事物」這件事吧。

水　　　　　　　碳酸水　　　　　　　酒

用手指及溫度計來測量液體溫度

實驗所需物品

- 水　適量
- 碳酸水　適量
- 日本酒　適量
- ▶ 溫度計、3 個杯子

可選用料理用數位式溫度計，操作起來會方便許多。

實驗方法

1. 將水、碳酸水、日本酒都放入冰箱冷卻一段時間。

2. 在 3 個杯子內分別倒入水、碳酸水、日本酒，插入手指，確認哪一杯比較冰冷。

3. 用溫度計測量各杯液體的溫度。

解說　模糊不清的溫度感覺

　　手指的冰涼感與實際的溫度數字一致嗎？大部分人應該會覺得一開始手指插入的液體最冷，但用溫度計測量時，卻會發現三杯液體的溫度都相同。事實上，人類對溫度的感覺相當模糊，十分容易出錯。

　　人類靠著皮膚上的「溫點」與「冷點」來感覺溫度。全身的溫點有 3 萬個，冷點有 25 萬個。冷點在 29℃時最為敏感，溫點在 43℃時最為敏感。我們對於溫度通常只有「冷」「涼」「溫」「熱」等相對模糊的形容方式。而且，我們「容易習慣」對溫度的感覺，進入海水或游泳池時，一開始會覺得很冷，過一陣子後就會覺得水變溫暖了，不是嗎？這就是我們對周遭溫度的「適應」。

　　將手指放入 20℃以下的液體時，我們會覺得「冷」，但很難估計出正確的溫度。舉例來說，就算我們把手指同時放進 8℃和 15℃的水杯中，也不一定能正確回答出哪杯水比較冷。

　　不只是溫度，每個人對時間、重量、長度的感覺也各不相同。進行某些作業時，如果這些「量」不精確，結果也會出現分歧。沒有寫明重量、容量的食譜，會因為製作者的不同做法而得到味道不同的料理，無法使風味保持一致，科學實驗也一樣。做實驗時，為了「在下一次做實驗，或者是換其他人做實驗的時候，也能得到同樣的結果」，一定要將實驗材料的重量、容量、需要的時間等以數值的形式記錄下來。

人類的皮膚溫度受器

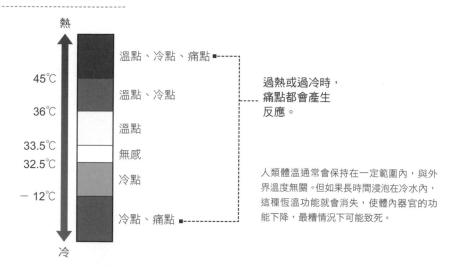

熱

	溫點、冷點、痛點	
45°C	溫點、冷點	過熱或過冷時，痛點都會產生反應。
36°C	溫點	
33.5°C	無感	
32.5°C	冷點	人類體溫通常會保持在一定範圍內，與外界溫度無關。但如果長時間浸泡在冷水內，這種恆溫功能就會消失，使體內器官的功能下降，最糟情況下可能致死。
－ 12°C	冷點、痛點	

冷

溫點、冷點的分布（個／cm²）

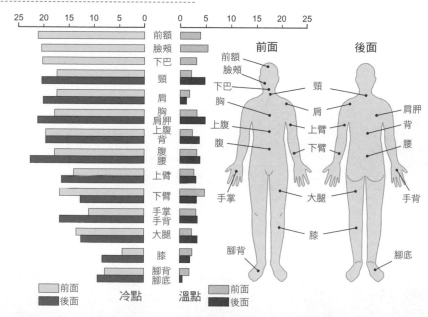

人類皮膚上有各種接受刺激的受器，包括溫點、冷點、痛點、觸點等。
溫點與冷點接受到的刺激會通過脊髓送至腦部，身體再藉此調節體溫。
出處：參考田村照子編著的《衣物環境的科學》（衣環境の科学，建帛社，2004 年）重製而成。

方便的工具①

電子秤。平常廚房用的電子秤就可以了，不過如果有最小單位為 0.1 g 的秤會更好。科學實驗中，常需要秤量固體或液體的「重量」，不過，一般家庭常直接將重量轉換成體積，用量匙量取需要的量。

　　世界上並沒有那麼多「純粹」的東西。以水為例，我們平常喝的水中就溶有微量的鈣離子和鎂離子。電熱水瓶中的白垢，就是這些礦物質的沉積物。家庭用的食鹽除了有氯化鈉，還包含了其他礦物質；精緻砂糖除了有蔗糖，還包含了果糖和葡萄糖。

　　「為什麼咖啡能消除睡意，讓人清醒，甚至讓人興奮呢？」德國化學家弗里德利布‧費迪南德‧龍格（Friedlieb Ferdinand Runge，1794～1867年）從含有多種成分的咖啡中，成功提煉出了「咖啡因」，並由此證明了咖啡因對神經系統的作用。後來的研究證實，除了咖啡，綠茶與可可也都含有咖啡因。

　　當含有多種成分的混合物有某個特定功能，我們很難說明該混合物「為什麼」有這個功能。只有從混合物中分離出特定物質，並證明是這種物質讓混合物有特定功能，才能說明這種混合物以及其他含有同一物質的混合物，為什麼會有相同的功能。「從混合了多種物質的東西（混合物）中，分離出純粹的物質（純物質）」是相當重要的過程。只有在分離出純物質之後，才能確定該物質有什麼樣的功能。

　　看起來「只包含一種物質」，實際上卻是「混合多種物質」的物品，在我們的周遭隨處可見。以下就讓我們用各種實驗，從「混合物」分離出「純物質」吧。

黑色的簽字筆真的是黑色嗎？

多數噴墨印表機會使用四種顏色的油墨，分別是「洋紅」「青」「黃」「黑」等四色。用這四種顏色的油墨，就可以印出漂亮的文字與圖片。

如果印出來的紙張不小心碰到水，就會讓紙張上的文字與圖片暈開，想必各位都有看過這種情況吧？仔細觀察，會發現紙上的油墨呈現出了不一樣的顏色。這是因為印表機使用四種顏色的油墨來印刷，加水之後，原本混在一起的各色油墨便會彼此分離。

簽字筆使用的油墨也是由各種顏色的油墨混合而成，即使都是「黑色簽字筆」，也會因為種類或製造廠商的不同，而使得顏色有些微差異。究竟簽字筆的油墨中混有多少種顏色呢？讓我們來實驗看看吧。

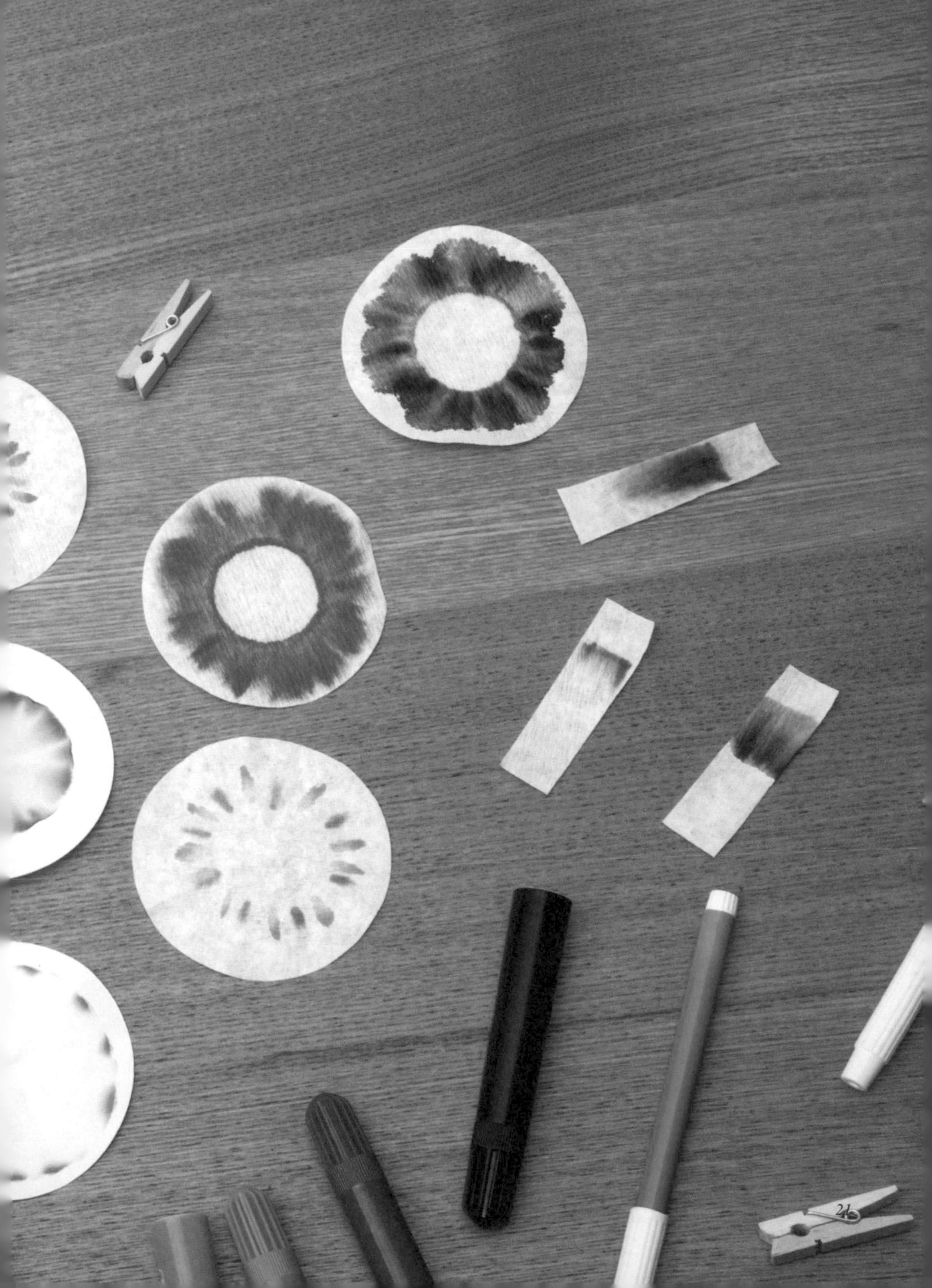

分離黑色油墨內的色素

- 咖啡濾紙（白色，或者是一般濾紙）
  1 ～ 2 張
- 黑色簽字筆（水性，一般文具店的
  平價品即可） 2 種
- 水　適量
- ▶ 剪刀、寶特瓶瓶蓋

除了袋狀咖啡濾紙，也可以用圓形咖啡濾紙，或者是一般濾紙。

實驗方法

1. 將咖啡濾紙攤平，裁成兩張 1.5 × 6 cm 大小的條狀濾紙。

2. 在一張條狀濾紙端點算起 1.5 cm 處，以黑色簽字筆畫線（ⓐ）。用另一種簽字筆，在另一張條狀濾紙同樣的位置上畫線。

3. 在寶特瓶瓶蓋內倒入水。

4. 拿起 **2** 的條狀濾紙，將畫線的一端插入 **3** 的水中（ⓑ）。注意不要讓水面接觸到畫的線。

5. 觀察水沿著濾紙上升的樣子（ⓒ）。

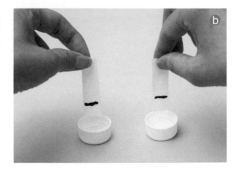

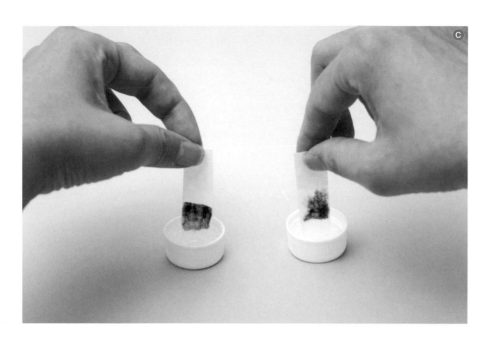

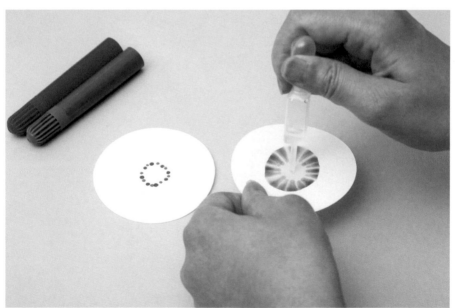

非黑色的簽字筆，也可分離出不同顏色。用其他顏色的簽字筆在圓形濾紙上畫出一個個點，排列成環狀，然後在中心滴水，使其自然暈開，簽字筆的油墨便會往周圍擴散出各種顏色。

用黑色簽字筆畫出來的線段，在紙上暈開時卻會出現藍色、粉紅色等各種顏色，為什麼會這樣呢？

　　混合紅色顏料與藍色顏料後會得到紫色。每加入一種顏色，就會變成另一種顏色，混合越多顏色，就會變得越黑。

　　我們之所以能「看到」東西，是因為這些東西會反射光線，所以，若是待在黑暗處就什麼都看不到了。紅色蘋果之所以看起來是紅色，是因為蘋果會反射紅色光；黃色香蕉看起來是黃色，是因為香蕉會反射黃色光。

　　紅色顏料會吸收紅光以外的光，反射紅光；黃色顏料會吸收黃色以外的光，反射黃光。混合多種顏料之後，能反射的光就越來越少，看起來就會是黑色。

　　黑色水性簽字筆的油墨，是將各種色素混合成「黑色」後製成。

　　含有不同色素的油墨，在水中的溶解度、對濾紙的附著力也各有不同。易溶於水或者對濾紙附著力弱的油墨，就會隨著水的上升跟著被帶上去。另一方面，難溶於水或者對濾紙附著力強的油墨，就會留在紙條的下端。

　　這種利用物質不同性質，分離混合物中各種成分的方法，就稱為「色層分析」。

　　不同的黑色簽字筆，分離出來的顏色也各不相同。即使看起來都是「黑色」，卻可能是由不同色素混合而成。

　　除了黑色，也試試看其他顏色吧。幾乎所有顏色的油墨都不是僅由一種色素組成，而是由多種色素混合而成。不過，水藍色、深粉紅色、黃色筆的油墨能分離出的顏色會比較少一些。

　　這三種顏色分別對應到青色、洋紅色、黃色，又稱做「顏料的三原色」。混合這三種顏色，便可得到我們周遭的各種顏色。不過，就算我們混合了青色、洋紅色、黃色等色素，也難以呈現出真正的「黑」，所以印表機會另外使用「黑色」油墨來印黑色的部分。

　　那麼，我們又是如何辨識出顏色的呢？我們會利用視網膜來捕捉物體反射的光，視網膜上有著可以偵測明暗的視桿細胞，以及可以偵測顏色的視錐細胞。在偏暗的環境下，我們雖然分不清楚顏色，卻能夠辨別明暗，這是因為視桿細胞對光線比較敏感。

　　「人」的視錐細胞包括紅視錐細胞、綠視錐細胞、藍視錐細胞等三種。這三種視錐細胞的感光波長範圍各不相同，由三種細胞感應到的光強度差異，便可組合出我們看到的顏色。

看見物體的機制

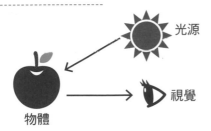

我們可以看到物體反射到眼睛的光線。要是物體不會反射光線，我們就無法看到這個物體。如圖所示，我們之所以能看到紅色的蘋果，是因為紅視錐細胞偵測到蘋果反射的紅光。

顏料的三原色

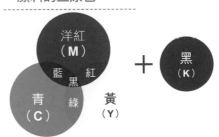

洋紅、青、黃等三色可以混合出多種顏色，但還是很難呈現出真正的黑色。故一般的印表機會再加入黑色做為第四色油墨。

將光分離成各種顏色

　　雨剛停時，如果指著天空大聲說出「有彩虹！」大家就會朝那個方向看去。彩虹會出現在空中空無一物的地方，那神奇而美麗的色彩總是讓人深深著迷。

　　其實，一個簡單的實驗就能讓我們看到平時難得一見的彩虹。舉例來說，點燃蠟燭，再將 CD（或 DVD）的背側靠近蠟燭，就可以看到彩虹了。為什麼原本是白色的燭光會變成紅、黃、藍等色光呢？以下就讓我們用另一種方法製作「光的萬花筒」，藉此確認光的組成吧。

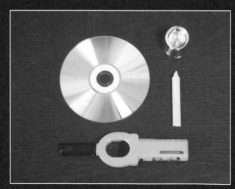

本實驗只會用到隨手即可取得的工具，是相對簡單的實驗。為了防止灼傷或火災，請注意要將蠟燭固定在燭台上，別用手拿。

製作光的萬花筒

實驗所需物品

- 分光片（或者是稜鏡片等可以分光的東西） 1 張
- 紙杯 2 個
- ▶ 剪刀、透明膠帶、原子筆、圖釘

分光片（照片左方）可在網路上購買。

實驗方法

1. 將分光片裁剪成 2 × 2 cm 的大小。

2. 將紙杯底部朝上，戳出一個可讓原子筆穿過的洞（ⓐ）。

3. 將 1 的分光片蓋住 2 戳出來的洞，以透明膠帶固定（ⓑ）。注意不要讓透明膠帶蓋到洞。

4. 用圖釘在另一個紙杯底部戳出少許洞，可以試著戳出自己喜歡的圖案（ⓒ～ⓓ）。

5. 將 3 與 4 的紙杯以杯口對杯口的方式連接起來，用透明膠帶固定（ⓔ～ⓕ）。

6. 眼睛靠近 5 的分光片一側，對著室內燈光觀看（ⓖ）。

＊不要對著陽光或強烈光線觀看。分光片沒有減弱光線的功能，所以可能會使眼睛受傷。

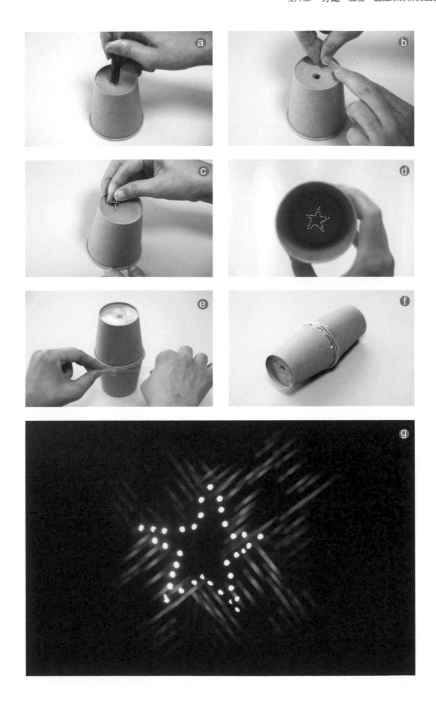

解說 陽光由多種色光混合而成

　　顏料的三原色為「青」「洋紅」「黃」，全部混合在一起後會得到黑色。另一方面，還有所謂「光的三原色」。與顏料三原色不同，光的三原色為「紅（Red）」「綠（Green）」「藍（Blue）」。電腦用「RGB」來指定顏色，而 RGB 就是這三種顏色的首字母。電腦螢幕或電視螢幕會靠著改變紅、綠、藍等三色光線的強度、比例，表現出各種顏色。

　　將紅光與綠光混合後可得到黃光，將綠光與藍光混合後可得水藍色光，將紅光與藍光混合後可得紫紅色光，若再混合這三種光，便可得到白光。陽光與日光燈的白光，就是由各種顏色的光混合而成。

　　順帶一提，在單一物質內的光會直線前進，進入不同物質時，則會改變方向。舉例來說，從裝水玻璃杯的上方觀看杯內吸管或攪拌棒時，會覺得吸管或攪拌棒彎曲，就是因為光線從空氣進入水中時會彎曲。

將攪拌棒插入水杯內，原本在空氣中的光線進入水中後會彎曲，所以空氣中的攪拌棒和水中的攪拌棒看起來不在同一條直線上。

　　而且，不同顏色的光，彎曲的角度也不一樣。紅色的彎曲角度最小，紫色的彎曲角度最大。因為彎曲角度（折射率）不同，所以我們才能看到彩虹。

　　那麼，在一天中的哪些時刻可以看到彩虹呢？我們之所以能看到彩虹，是因為陽光經空氣中的水滴折射、反射後，進入我們的眼睛。若太陽仰角很高，反射光便無法抵達我們的眼睛。因此，只有在早晨、傍晚等太陽斜射的時刻，才有機會看到彩虹。

　　太陽光是由各種顏色的光線混合而成。如前所述，不同顏色的光，彎曲的角度也不一樣，紫光與入射陽光夾角 40.7°，紅光與入射陽光夾角 42.4°，所以彩虹的上方為紅色、下方為紫色。

　　照射 CD 與 DVD 的光之所以會出現彩虹，也是同樣的原因。CD 背面每 1 mm 內有 625 條細溝，DVD 背面每 1 mm 內有 1350 條細溝。

彩虹形成機制（示意圖）

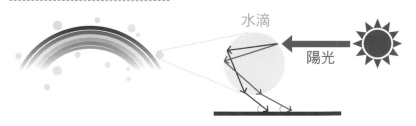

陽光照射空氣中的水滴時，會在水滴內折射。不同色光的折射角度各不相同。視線方向與陽光方向夾 42.4 度的水滴會呈現紅色，夾 40.7 度的水滴則會呈現紫色。

不過光碟產生的彩虹，並非由溝槽的部分所反射的光線。我們雖然可以看到光碟反射的光，卻會因為眼睛觀看的角度，而看到不同的顏色。因此蠟燭、光碟、我們的眼睛，三者間的位置關係會影響到我們看到的顏色。

分光片也和 CD 一樣，是藉由「分離光線」來讓我們看到彩虹，不過分光片不是用「反射光」，而是用「穿透光」。分光片上每 1 mm 的距離刻有約 250 條細溝。光有波動的性質，紅光的波長較長，紫光波長較短。光線通過分光片上的細小溝槽時，不同波長的光線會有不同的通過方式，所以會彼此分離。

「將各色彼此分離的光線合成起來時，真的可以得到白光嗎？」想到這個問題並著手研究的人，就是牛頓（1642 ～ 1727 年）。牛頓用三稜鏡將太陽光分成多種顏色的光，再用凸透鏡將各色光線合而為一，得到了白光。由這個實驗可以知道，白光是由各色光線混合而成。

牛頓也是第一個提出「彩虹有七種顏色」的人。在他之前，英國一般會說彩虹的顏色有「紅、黃、綠、藍、紫」五種顏色，牛頓又加上了橙與靛色，據說是為了要對應到音樂的音階。

在牛頓的時代，「音樂與數學、幾何學、天文學並列為主要學科」。當時的教會音樂皆使用所謂的「多利安調式」，也就是「由五個全音與兩個半音組合成的音階」。牛頓就是將這兩個半音分別對應到紅色與黃色之間的橙色，以及藍色與紫色間的靛色。

牛頓把顏色對應到音階還有一個很牛頓的理由，那就是聲音與顏色有著以下共通性質──「能刺激我們的感覺中樞」。畢竟聲音和光都是物理現象。

CD / DVD，以及分光片的分光（示意圖）

CD 與 DVD 皆為反射型繞射光柵　　　**分光片為穿透型繞射光柵**

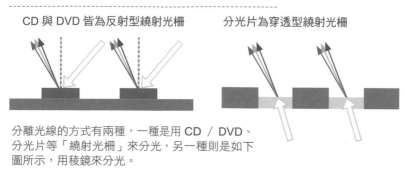

分離光線的方式有兩種，一種是用 CD / DVD、分光片等「繞射光柵」來分光，另一種則是如下圖所示，用稜鏡來分光。

用稜鏡分光

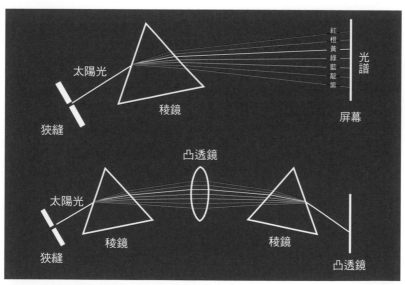

牛頓用稜鏡將陽光分成多種顏色，再用凸透鏡匯聚成白光。

溶在牛乳中的成分

　　在牛奶盒上的成分標示中可以看到牛乳含有蛋白質、脂質、碳水化合物等成分。不過，我們沒辦法直接用肉眼看出牛乳含有這些成分，究竟牛乳是不是真的有那麼多種成分呢？

　　若能將成分從牛乳中分離出來，就可以確定牛乳確實有這些成分了。要分離出單一成分比較困難，但我們可以透過簡單幾個步驟，將牛乳「分離成白色塊狀物和液體」。一起來試試看吧。

用牛乳製作茅屋起司

實驗所需物品

- 牛乳　200 mL

- 檸檬汁　1 大匙

▶ 鍋子、調理盆、篩網、廚房紙巾

用任何一種牛乳都可以，以全脂鮮乳的效果最好。

實驗方法

1. 將牛乳與檸檬汁倒入鍋內（ⓐ），充分混合。

2. 小火慢煮 1。加熱一陣子後，會浮起許多白色塊狀物。底下液體變透明後（ⓑ）關火，靜置 10 分鐘左右。

3. 在調理盆上放置篩網，再鋪上廚房紙巾，然後將 2 倒入調理盆內（ⓒ）。靜置一陣子後，輕輕擠壓廚房紙巾，分開固體與液體（ⓓ）。

為什麼能分離成固體與液體？

許多人以為「乳牛隨時都能分泌乳汁」。但事實上，母牛是為了給小牛喝奶才分泌乳汁，所以只有在生育小牛的期間才會分泌牛乳。日本會在生下小牛後的 10 個月間為母牛榨乳。

哺乳類的嬰兒在剛出生的一段時間內，僅以母乳為食，因此母乳中含有各種嬰兒必需的營養物質，包括蛋白質、脂肪、鈣離子、維生素等等。

1 公升的牛乳約含有 33 公克的蛋白質。蛋白質是由多個胺基酸串連而成的長鏈分子。胺基酸必定含有羧基（—COOH）與胺基（—NH$_2$）等部分，相鄰胺基酸之間以羧基及胺基相連，可形成三維結構。

羧基或胺基可以和溶液中的氫離子（H+）或氫氧根離子（OH-）結合、分離，所以溶液中氫離子濃度不同時，蛋白質的性質也會跟著改變。

牛乳中含有數十種蛋白質。其中，「酪蛋白」在酸性環境下會凝固成塊。牛乳中有 80% 左右的蛋白質是酪蛋白，數千個酪蛋白分子會聚集在一起，成為帶有負電荷的小顆粒。帶有相同電荷的顆粒會彼此排斥，所以酪蛋白會均勻散布於牛乳中。如果加入檸檬汁（pH 2.0 左右），使牛乳變為酸性，酪蛋白顆粒的負電荷就會越來越少，互相排斥的力量減弱，並陸續聚集成較大的顆粒，這就是我們這次要做的茅屋起司。液體的部分就稱做「乳清」，乳清中溶有不會因為酸而凝固的蛋白質與脂肪。

優格也是利用「酸性物質可以讓牛乳中的蛋白質凝固」的原理而製成。在牛乳中加入乳酸菌後，乳酸菌會分解牛乳中的乳糖，得到乳酸。乳酸為酸性物質，可使蛋白質凝固。順帶一提，將剛擠出的生乳靜置一陣子，生乳上方會形成一層脂肪層。為了不讓這些脂肪成分與牛乳分離，市面上的牛乳會經過「均質化處理」。將脂肪打散成小塊，可使脂肪分散至牛乳各處，不會聚集在一起。這就是為什麼市面上的牛乳不管怎麼搖都不會搖出奶油。

製作茅屋起司的示意圖

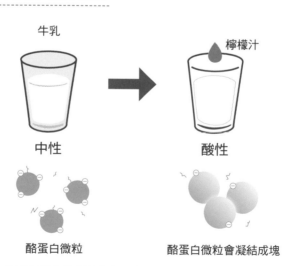

牛乳

檸檬汁

中性　　　　　　　　　酸性

酪蛋白微粒　　　　　酪蛋白微粒會凝結成塊

牛乳中的蛋白質會彼此聚集在一起，形成球狀酪蛋白微粒。酪蛋白微粒之間會彼此排斥，分散在牛乳中。酸性物質會削減酪蛋白微粒間的排斥力，使酪蛋白微粒凝集成塊。

茶內的咖啡因有形狀嗎？

　　日本街道上常可看到「焙茶」，但其實，將一般沖茶用的茶葉炒過後，就能製作出焙茶用的茶葉了。這個過程稱作「烘焙」，可以讓茶有不同的風味。在某些條件下烘焙時，會讓茶葉出現白色毛狀物。這就是茶中咖啡因的結晶。喜歡喝茶的人會用「焙爐」、「茶香爐」等工具來烘焙茶葉，這裡就讓我們用在日本平價商店內就可以買到、操作也比較簡便的薰香台來做實驗吧。

烘焙茶葉

實驗所需物品

- 茶葉　適量
- ▶ 薰香台、乳缽（或者是其他研磨缽）、
  蠟燭（需可放在薰香台底下）、打火機

請選用有梗的茶葉（右上）。建議使用綠茶茶葉。

實驗方法

1. 取適量茶葉（薰香台放得下的量），需包含 5～6 個茶梗，以乳缽磨碎葉子部分。

2. 將蠟燭放在薰香台下方。將 **1** 的茶葉碎片放在薰香台上方，再將茶梗鋪在上面。

3. 點燃蠟燭，觀察茶葉變化（**ⓐ**）。

昇華與咖啡因

物質有氣體、液體、固體三種狀態。我們平常看到的鐵是固體，熔礦爐中的鐵則是液體，若溫度超過2750℃，就會變成氣體。

加熱冰塊時，冰塊會從固體變成液體，再變成氣體。不過二氧化碳會從固體（乾冰）直接轉變成氣體，不經過液體階段。這種從固體轉變成氣體的現象，就稱做「昇華」。

咖啡因是存在於茶及咖啡等植物中的一種有機化合物。咖啡因也是會「昇華」的物質，綠茶內的咖啡因以固體形式存在，但在超過178℃時就會轉變成氣體。

氣態的咖啡因在溫度下降時會轉變成固體。實驗中，接觸到茶梗的氣態咖啡因會降溫而凝華成固態。

那麼，為什麼植物體內含有咖啡因呢？植物為了不被蟲啃食，會在體內蓄積大量有毒物質，咖啡因就是其中之一。而且，咖啡因還能阻礙其他植物繁殖，使分泌咖啡因的植物能獨占該區的土壤養分與日光。

對於無法移動的植物來說，咖啡因可以說是生存競爭與繁殖的利器。

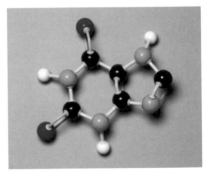

咖啡因（$C_8H_{10}N_4O_2$）的分子模型。黑色是碳原子（C）、白色是甲基（$-CH_3$）、藍色是氮原子（N）、紅色是氧原子（O）。

用放大鏡可以觀察到咖啡因的針狀結晶。

物質的三態

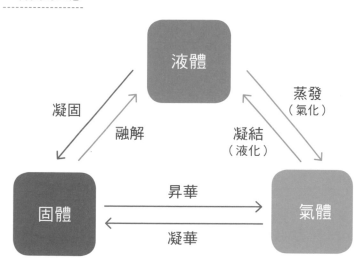

＊日本有時候會將氣體轉變成固體的過程
　也稱做昇華。

方便的工具②

量杯。量取 100 mL、200 mL
等容量時相當方便。另外，100
mL 水大約是 100 g。

3小時讀通

幾何

· · · · · · · ·

日本數學協會
岡部恒治、本丸諒 著

雲譯翻譯工作室 譯

新裝版

「只要會畫圖，就會幾何!」
「證明題不再是難題!」
「一眼看穿題目!」

挑戰圓與π的不可思議

認識畢達哥拉斯定理與三角函數的智慧

開微積分大門!

世茂 出版事業　www.coolbooks.com.tw

日常生活中，我們常會無意識地「比較」事物。舉例來說，我們常會比較各種料理方式的味道，覺得「好像沒什麼味道耶，是不是應該要加一點糖呢？」的時候，就會加一些糖，再嚐一次味道，這就是在比較「多加一些糖之前與之後的味道差異」。比較後，便可得知「多加一些糖的效果」。

許多事物在比較之後會更為明瞭。假設我們想比較兔子和貓的異同：兩者都有四隻腳，身上都有毛，都有尾巴，共通點很多，不過兔子的前齒平整，眼睛在臉的側面；貓的牙齒尖銳，眼睛在臉的正面。那還有哪些動物的牙齒平整、眼睛在臉的側面呢？綿羊、山羊、鹿、長頸鹿皆為牙齒平整的動物，而且眼睛都在臉的側面。這些動物都是草食動物。草食動物的平整牙齒方便牠們嚼食草葉，寬廣的視野讓牠們更能警覺到敵人存在。

老虎、獅子、狼等肉食動物都有著尖銳的牙齒，眼睛在臉的正面，讓牠們擁有立體視覺，便於捕捉獵物。貓是肉食動物，所以有著牙齒尖銳、眼睛在臉的正面等特徵。透過比較結果，即使碰上過去沒見過的動物，我們也能判斷牠是草食動物還是肉食動物。

找出相同點與相異點，會讓我們更能了解事物的本質。本章中，我們將在相同條件下比較相似物的不同之處，或者在不同條件下比較相同物的不同反應，藉此了解物質的性質與施加各種條件的效果。

分辨出原本無法分辨的東西

　　以前我在做燉蘋果時，曾因為當時用相似的容器裝糖和鹽，而做出鹹得要命的燉蘋果。其實如果仔細觀察，確實可以分辨出糖與鹽的差別，不過當時我錯把鹽看成糖，所以加了一大堆鹽下去。

　　雖然肉眼可以看出固態的糖與鹽的差別，但如果溶進水中變成了糖水和鹽水，就沒辦法用肉眼辨別了。兩者皆為無色透明，也沒有氣味，實在難以從外觀判斷哪個是糖水，哪個是鹽水。

　　當然，還是有其他方法可以「比較」出兩者的差異，譬如「味道」。那麼，除了味道，還有沒有其他方法能區別出兩者呢？讓我們試著用各種方法來比較糖水和鹽水的差別吧。

比較鹽水和糖水的差異

將水與食鹽、水與砂糖各自混合均勻，事先準備好左邊記述以外的杯子。

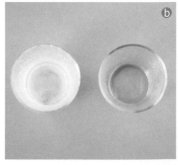

實驗所需物品

- 鹽水　每 100 mL 水溶解 20 g 食鹽
- 糖水　每 100 mL 水溶解 20 g 砂糖
- 食鹽　20 g
- ▶耐熱容器 2 個、杯子 2 個、湯匙（或是筷子）

實驗方法

1. 將 20 g 鹽水倒入一個耐熱容器內，20 g 糖水倒入另一個耐熱容器內（ⓐ）。

2. 將 1 放入微波爐加熱 1 分鐘，要是沒有任何變化，就繼續加熱觀察其變化（ⓑ）。

3. 將 50 g 鹽水倒入一個杯子內，50 g 糖水倒入另一個杯子內（ⓒ）。

4. 在 3 的兩個杯子內分別加入 10 g 食鹽，用同樣的方式攪拌均勻（ⓓ～ⓕ）。觀察其溶解情況（ⓖ）。

糖和鹽的差異

用微波爐加熱後，其中一種溶液會變成褐色，另一種則會結出白色結晶。褐色是糖水，結出白色結晶的則是鹽水。

砂糖有很多種，譬如上白糖、白糖等，不過它們的主成分都是蔗糖。蔗糖（sucrose）是由葡萄糖（glucose）和果糖（fructose）組成的雙醣，將蔗糖加熱至170℃時會焦糖化，並轉變成褐色。布丁底下的焦糖，就是砂糖加熱而成的產物。

以微波爐加熱鹽水後，水分蒸發，原本溶解在水中的食鹽會再次結晶。每100 mL的水可以溶解約30 g的食鹽，當水分蒸發到水量不足以溶解食鹽時，食鹽就會析出結晶。

在另一個實驗中，我們將食鹽加入糖水與鹽水內。食鹽可以完全溶解在糖水中，但卻無法溶解於鹽水中，而是會沉澱在底部。

究竟「溶解在水中」是怎麼回事呢？水分子（H_2O）由兩個氫原子（H）與一個氧原子（O）組成，氫原子與氧原子排列成像是迴力鏢的形狀。氫原子端帶有正電荷，氧原子端則帶有負電荷。

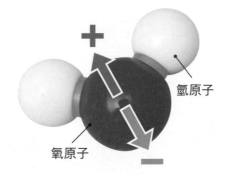

水分子（H_2O）的氧原子端帶有負電荷，氫原子端則帶有正電荷。

食鹽（NaCl）溶於水中時，鈉離子（Na^+）會被水分子的氧原子包圍，氯離子（Cl^-）會被水分子的氫原子包圍，故鈉離子和氯離子會彼此分離，如下圖（左）所示。被水分子包圍的食鹽，會以離子形式溶於水中。

另一方面，蔗糖是由碳、氫、氧等原子組合成的大型分子。同樣的，蔗糖分子也會被水分子的氧原子部分、氫原子部分包圍，擴散至水中各處。鹽會分離成 Na^+ 和 Cl^-，分別被水分子包圍，各自分散於水中。蔗糖則會以單一分子的形式被水分子包圍。

若兩杯水分別溶有等重的食鹽與蔗糖，那麼蔗糖水溶液中，沒有用於溶解溶質的水分子會比食鹽水溶液還要多。這就是實驗中的糖水可以將食鹽溶解，鹽水卻無法溶解更多食鹽的原因。

食鹽與蔗糖溶於水中的差異（示意圖）

● H_2O　　● Na^+　● Cl　　　　　● C

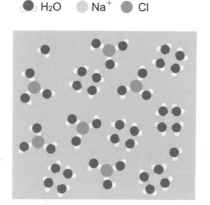

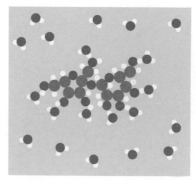

將食鹽（NaCl）加入水中後，會被水分子離子化。Na^+ 會被水分子中帶有負電荷的氧原子包圍，Cl^- 則會被水分子中帶有正電荷的氫原子包圍。

蔗糖分子（$C_{12}H_{22}O_{11}$）的羥基（–OH）會與水分子形成氫鍵，使蔗糖分子彼此分離。水中的蔗糖仍保持單一分子的狀態，被許多水分子包圍。

醋蛋會吸收什麼物質呢？

　　剝開水煮蛋的殼時，蛋殼底下會有一層薄薄的皮。這層皮叫做「卵殼膜」，是包裹住蛋白與蛋黃的膜，有所謂的「半通透性」。順帶一提，我們體內的細胞，外面都有一層擁有半通透性的細胞膜。那麼，什麼是半通透性呢？只要製作過神奇的「醋蛋」，就能回答這個問題了。各位可以像照片一樣用雞蛋來做醋蛋，不過為了節省時間，以下介紹的是用鵪鶉蛋來製作的方法。

製作小小的醋蛋

實驗所需物品

- 鵪鶉蛋　6 顆
- 醋　150 mL
- 濃鹽水（每 100 mL 水溶解 1 大匙食鹽）
- 淡鹽水（每 100 mL 水溶解 1 小匙食鹽）
- 水　100 mL
- ▶ 調理盆、杯子 3 個

使用能裝入醋與全部鵪鶉蛋大小的調理盆。

實驗方法

1. 將鵪鶉蛋放入調理盆中，以醋浸置 1 天（ⓐ）。

2. 待硬殼溶解，外層只剩下卵殼膜，呈軟 Q 狀時，取出以水洗淨。

3. 準備三個杯子，分別加入濃鹽水、淡鹽水、水，然後在每個杯子內分別放入兩顆 **2** 的蛋。

4. 靜置 1 天，比較蛋的大小（ⓑ）。

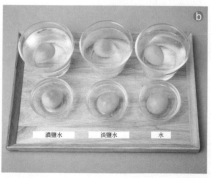

卵殼膜上發生了什麼事？

　　將鵪鶉蛋放入醋中之後，會冒出一顆顆氣泡。這是因為蛋殼內的碳酸鈣會與醋反應，產生二氧化碳與醋酸鈣。碳酸鈣無法溶解於水中，醋酸鈣卻可以，因此，蛋殼會逐漸溶解於醋中。

　　蛋殼底下有一層名為卵殼膜的薄皮，薄皮下才是蛋白與蛋黃。蛋殼雖會溶解於醋中，但卵殼膜不會。這種由卵殼膜包裹住蛋白與蛋黃的蛋，就是所謂的「醋蛋」。

　　將醋蛋放入水中後會膨脹，但放入濃食鹽水中卻會萎縮。這是因為卵殼膜擁有半通透性，是一種「半透膜」。所謂的半透膜，是一種只能讓小分子或離子通過的膜。

半透膜的性質（示意圖）

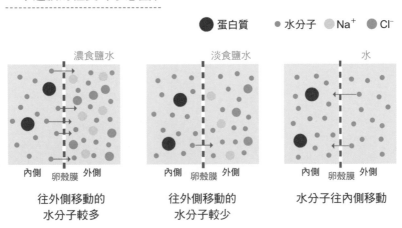

半透膜能讓小分子通過，卻會擋下大分子。而且，如果半透膜兩側的溶液濃度不同，則水分子會在兩側間移動，使兩側濃度趨於相同。

蛋白質的分子較大，無法通過半透膜，但水分子可以通過半透膜。

若半透膜兩側的溶液濃度不同，水分子便會從濃度低的一側，移動到濃度高的一側，最後使兩邊濃度相同。卵殼膜的內側為蛋白，其中約12.5% 是蛋白質，87% 是水。

將醋蛋放入濃食鹽水後，因為食鹽水的濃度很高，蛋內的水分子就會往食鹽水側移動，使醋蛋越來越小。

將醋蛋放入水中時，因為卵殼膜內側的濃度比較高，外側的水分子就會陸續移動至蛋內，使醋蛋越來越大。

植物細胞外層的細胞膜也擁有半通透性，蔬菜抹上鹽巴時會出水、變軟，就是因為細胞內的水分析出的關係。

順帶一提，將檸檬切片浸置於蜂蜜中時，檸檬內的水分會析出，是因為蜂蜜的糖分濃度相當高，故檸檬細胞內的水分子會紛紛離開細胞。那麼，將醋蛋放入蜂蜜中會發生什麼事呢？靜置三小時後，如照片所示，蛋會變小，表面出現皺褶，濃稠的蜂蜜則會因為水分增加而變稀。

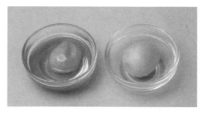

準備兩個相同大小的醋蛋，如圖所示，將蜂蜜淋在左邊的醋蛋上。

三小時後的樣子。淋有蜂蜜的醋蛋會變小。

以前為什麼沒有鳳梨果凍？

　　人類是從什麼時候開始吃果凍的呢？據說古羅馬時代的人就已經會製作肉凍或魚凍料理了。亞洲的中國也在南北朝時代（439～589年）時，開始使用凝固的羊肉湯製成肉凍。順帶一提，「羊羹」的「羹」，指的就是有些黏稠的湯，而羊羹原本指的是羊肉湯製成的肉凍。羊羹由禪宗僧侶傳至日本時，因為佛教禁止食肉，就改以紅豆與葛粉取代羊肉，製成果凍狀食品，才成了今天的羊羹。

　　最初的果凍是使用取自動物骨頭或外皮的「明膠」製成，不過最近越來越多果凍改用取自海藻的「洋菜膠」製成。兩者都可作成有彈性的果凍，不過天氣熱的時候，明膠製的果凍會融化，洋菜膠製的果凍則不會。

　　另外，隨著洋菜膠的普及，市面上也越來越多過去沒有的「鳳梨果凍」了。明膠和洋菜膠之間的差別除了不會因為高溫而融化之外，還有哪些呢？讓我們以實驗來比較明膠、洋菜膠，以及寒天的差別吧。

比較明膠、 洋菜膠以及寒天的作用

- 冷水　適量
- 熱水　適量
- 明膠（粉末）　1 g
- 洋菜膠（粉末或顆粒）　1 g
- 寒天（粉末）　1 g
- 生鮮鳳梨　3 塊
- ▶ 杯型容器、鍋子

明膠、洋菜膠、寒天的外觀相似，
請準備好寫有名稱的標籤貼紙，
貼在對應的容器上，方便區分三
者。

實驗方法

1. 將明膠溶於 1 大匙冷水，然後加入 50℃的熱水 40 mL，充分混勻。倒
入杯型容器內，放入冷藏庫冷卻。

2. 將洋菜膠與 50 mL 的冷水放入鍋中，小火加熱。沸騰後邊攪拌邊加熱
1 分鐘。倒入杯型容器內，放入冷藏庫冷卻。

3. 將寒天與 50 mL 的冷水放入鍋中，小火加熱。沸騰後邊攪拌邊加熱 1
分鐘。倒入杯型容器內，放入冷藏庫冷卻。

4. 待 1 ～ 3 凝固以後，從冷藏庫中取
出（ⓐ）。仔細觀察後，舀起一口
試試看口感。

5. 在 4 的三個凝凍上各放一片生鮮鳳
梨切片。靜置於室溫 1 小時，觀察
其變化差異（ⓑ）。

解說　**不同材料的成分也不一樣**

　　在把鳳梨放上去之前，請先比較凝凍的外觀。外觀上，明膠凍與洋菜膠凍是透明無色，寒天凍則有些白濁。口感上，明膠凍很有彈性，在口中會迅速融化；洋菜膠凍也很有彈性，卻不會在口中融化；寒天沒有彈性，一咬就會裂開，也不會溶解在水中。

　　將鳳梨放在這些凝凍上時，明膠凍會融化，使鳳梨沉下去。寒天凍與洋菜膠凍則不會融化。

　　為什麼會有這樣的差別呢？明膠由「膠原蛋白」構成，取自動物骨頭與外皮。膠原蛋白由三條長鏈狀蛋白質彼此纏繞成繩狀結構，將膠原蛋白與液體一起加熱時，這三條長鏈會彼此分離。在高溫液體中，這些長鏈狀蛋白質可以自由活動，但溫度下降後便會重新纏繞在一起，固定住結構。這就是為什麼明膠在冷卻後會結凍。

明膠內的膠原蛋白變化（示意圖）

膠原蛋白是一種大量存在於動物外皮、骨骼的蛋白質，由三條蛋白質纖維長鏈，纏繞成堅固的繩狀。加熱後三條蛋白質鏈會彼此分離，冷卻後則會再次彼此纏繞，形成膠狀固體。

寒天的原料是名為天草或紅髮的海藻，這些海藻中含有瓊脂糖（agarose）與膠瓊硫糖（agaropectin）等多醣。另一方面，洋菜膠的原料則是杉海苔、角叉菜等海藻，這些海藻中含有名為卡拉膠（carrageenans）的多醣。多醣由大量糖分子聚合、纏繞而成，原本彼此糾纏的多醣分子長鏈在加熱後會鬆開，使分子可自由活動。溫度下降後則會再次纏繞起來。

也就是說，明膠、寒天、洋菜膠都是由長鏈狀物質構成，它們的共通點是，「高溫下可以在液體內自由活動，冷卻後則會固定不動」，但因為構成物質不同，所以口感與融化溫度也不一樣。

那麼，為什麼鳳梨會讓明膠融化，卻不會讓寒天或洋菜膠融化呢？

鳳梨含有能分解蛋白質的酵素「蛋白酶」，明膠的原料是蛋白質，所以會被蛋白酶分解。另一方面，寒天與洋菜膠的原料不是蛋白質，而是多醣，所以不會被蛋白酶分解。

順帶一提，我們的身體沒辦法直接吸收由胺基酸聚合而成的蛋白質長鏈。因為蛋白質的結構過於龐大，我們須先藉由消化作用，在小腸內將蛋白質切成小小的胺基酸，才能吸收這些養分。體內有多種蛋白酶，能將蛋白質分解成胺基酸，再吸收這些胺基酸成為我們的養分。我們之所以能消化蛋、肉等蛋白質食物，也是因為體內有這些蛋白酶。

　　米中也含有多醣。我們體內的澱粉酶與麥芽糖酶等酵素，可以分解由葡萄糖聚合而成的直鏈澱粉與支鏈澱粉，但人類體內沒有能夠分解瓊脂糖、膠瓊硫糖、卡拉膠的酵素，所以無法消化這些多醣。這些人體無法消化的多醣，就稱做「膳食纖維」。

　　雖然我們沒辦法消化膳食纖維，但我們並非完全不需要膳食纖維。膳食纖維可以幫助排便、改善腸道環境，在維持健康上扮演著重要角色。

蛋白酶的分解作用（示意圖）

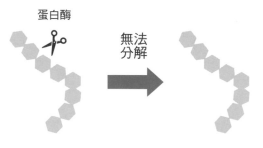

鳳梨內的蛋白酶可以分解蛋白質，卻無法分解膳食纖維。

該怎麼防止水果變色呢？

　　香蕉的外皮碰傷後，會轉變成褐色，所以我們可以使用竹籤、牙籤等工具在香蕉外皮上刺出圖案，這也被稱做「香蕉藝術」，在大人小孩間都十分受歡迎。香蕉藝術是利用香蕉皮變色的現象來呈現出圖案，但通常我們會想避免香蕉內部轉變成褐色。

　　不只是香蕉，蘋果、桃子、酪梨等水果的切口都容易變色。切好的蘋果如果沒有要馬上吃，而是要放在便當盒裡保存，可以在「切完後浸漬一下食鹽水」就不會變色了。那麼，為什麼要浸在食鹽水中呢？有沒有其他方法可以防止蘋果變色呢？讓我們先來看看「水果變成褐色的原因」，再試著找出「不讓水果變成褐色的方法」吧。

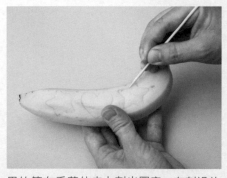

用竹籤在香蕉外皮上刺出圖案，有刺過的位置就會呈褐色，如右圖所示。

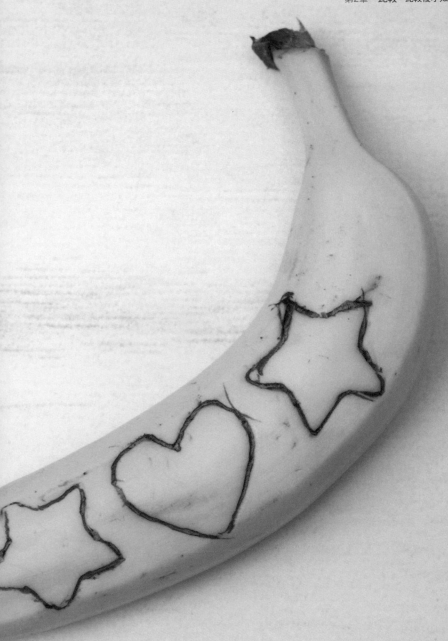

尋找防止蘋果變色的方法

- 蘋果　1/2 個

- 水　50 mL

- 食鹽水　每 50 mL 水溶解 1 g 食鹽

- 砂糖水　每 50 mL 水溶解 1 g 砂糖

- 醋　50 mL

- 含維生素 C 飲料（或者是檸檬汁）50 mL

▶ 夾鏈袋 5 個、菜刀、砧板等

＊可先在夾鏈袋上標註「水」「食鹽水」「砂糖水」「醋」「含維生素 C 飲料」。

實驗方法

1. 在五個夾鏈袋中分別裝入水、食鹽水、砂糖水、醋、含維生素 C 飲料
（ⓐ）。

2. 削掉蘋果皮，切出六個薄片（ⓑ）。

3. 在五個夾鏈袋中分別裝入一片蘋果（ⓒ）。

4. 於袋內靜置 10 分鐘，再取出蘋果片，與未處理的蘋果片一同靜置 3
小時，觀察其顏色變化（ⓓ）。

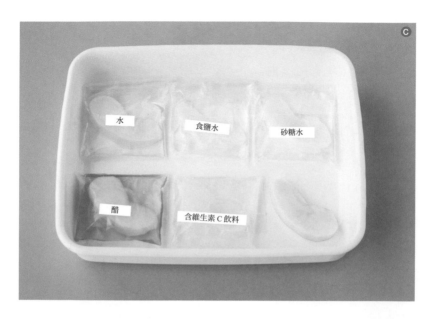

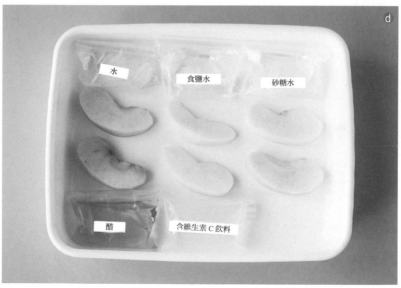

完全不處理的蘋果會逐漸變成褐色，另一方面，浸過含維生素 C 飲料的蘋果卻不會變色。含維生素 C 的飲料喝起來酸酸的，但蘋果浸過同樣會酸的醋後，卻會變成褐色，由此可見，「喝起來會酸」並不是讓蘋果變成褐色的原因。

蘋果之所以會變成褐色，是因為蘋果的細胞內有一種叫做「多酚」的物質，接觸到氧氣後會轉變成「醌」類物質。多酚本身不會和氧氣起反應，不過蘋果內有一種叫做「多酚氧化酶」的酵素，可以催化多酚與氧氣反應。

多酚位於植物細胞的液胞，多酚氧化酶則位於色素體及葉綠體上。一般狀況下，兩者都由各自的膜包裹著，不會彼此接觸，但將蘋果切開破壞膜之後，兩者就會混在一起。

在香蕉外皮上畫圖的原理也一樣。刺傷香蕉皮細胞後，會促發多酚氧化酶的作用，產生醌類物質。

維生素 C 容易與氧氣反應，所以在有維生素 C 的情況下，氧氣會先與維生素 C 反應，而不會與多酚反應。因此，浸泡過含維生素 C 飲料或檸檬汁的蘋果不容易變成褐色。

另外，浸泡過鹽水的蘋果也不容易變色，因為浸泡過鹽水之後，食鹽會與多酚氧化酶反應，降低多酚氧化酶的作用。而浸泡過水或糖水後，之所以能延緩變色的速度，是因為表面變得潮濕，使蘋果內的多酚不容易與空氣中的氧氣反應。

　　多酚氧化酶為蛋白質，加熱後就會失去作用。我們可以試著用微波爐加熱蘋果，加熱後的蘋果靜置再久，也不會變成褐色。

　　梨子、桃子、酪梨之所以會變成褐色，也是因為多酚與氧氣結合的關係，只要阻止這種「氧化」作用，就不會變色。市售蘋果汁之所以要添加「維生素 C」，就是為了防止變色。

　　既然維生素 C 可以抑制氧化作用，那麼我們「想讓褐色蓮藕變回白色」「想讓酪梨果實保持漂亮的顏色」時，或許可以試著「淋上檸檬汁」或者「淋上柳橙汁」。

多酚的氧化（示意圖）

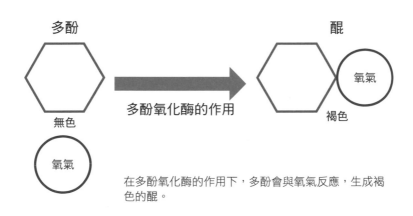

在多酚氧化酶的作用下，多酚會與氧氣反應，生成褐色的醌。

製作麵包的幕後功臣

為什麼麵包會膨脹呢？而且膨脹後的麵糰還有一股酒精的味道。製作材料中明明沒有酒精，為什麼會有這種味道呢？

酵母是製作麵包時不可或缺的材料。但在只有酵母的時候並不會膨脹，而是當酵母與某些東西反應時才會膨脹。那麼，酵母究竟是和什麼東西起反應了呢？麵粉？鹽？砂糖？還是奶油？

如果可能的原因有很多，就必須一個個列出，思考原因應該是哪個。讓我們將製作麵包時會用到的各種材料拿出來一一測試吧。

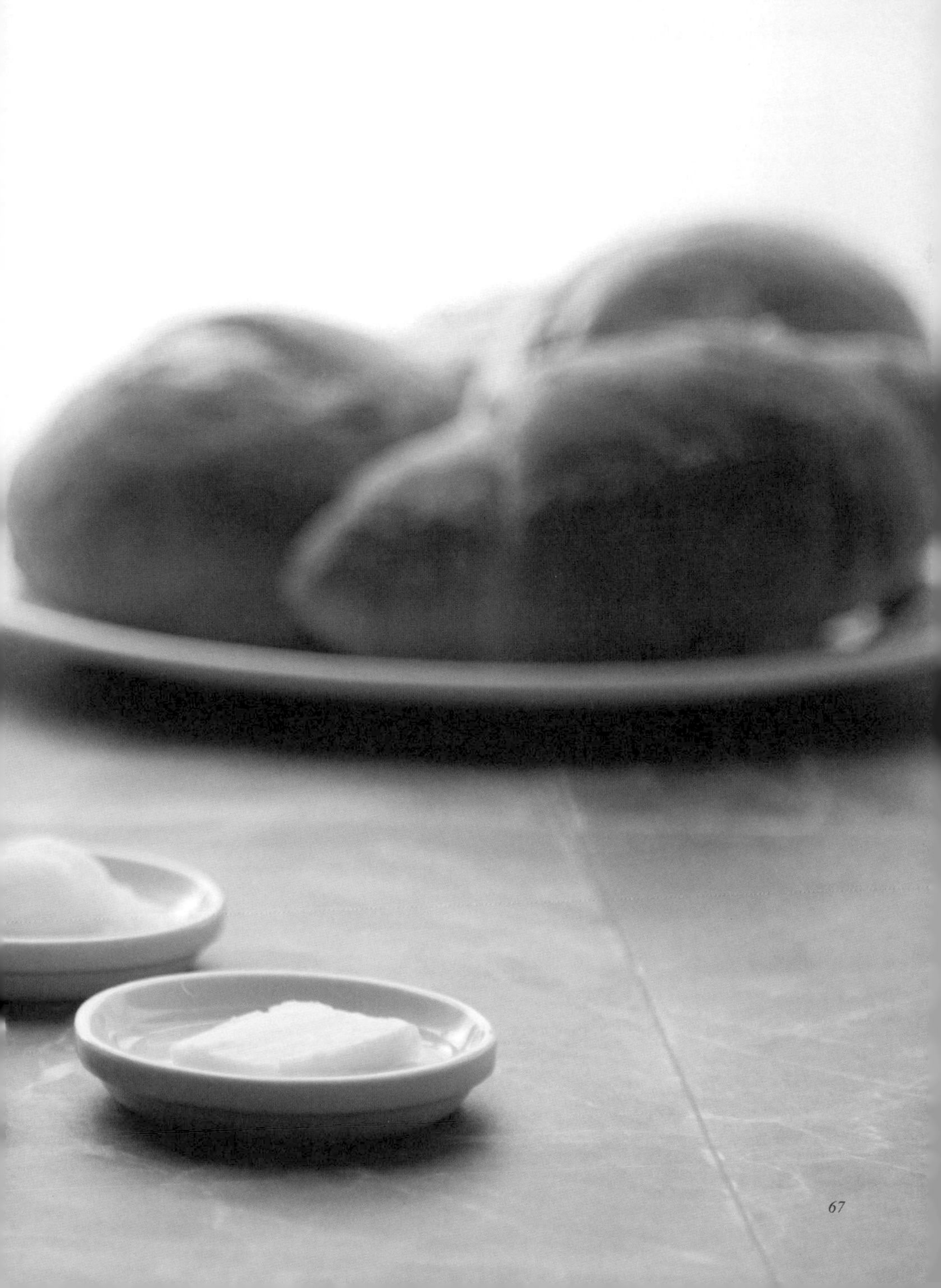

比較乾酵母的反應

實驗所需物品

- 乾酵母　共 4g
- 麵粉　5 g
- 鹽　5 g
- 砂糖　5 g
- 奶油　5 g
- 熱水　適量
- ▶ 夾鏈袋 4 個、保存用容器

＊可先在夾鏈袋上標註「麵粉」「鹽」「砂糖」「奶油」。

實驗方法

1. 取一個夾鏈袋，裝入麵粉、1 g 乾酵母。

2. 取一個夾鏈袋，裝入鹽、1 g 乾酵母。

3. 取一個夾鏈袋，裝入砂糖、1 g 乾酵母。

4. 取一個夾鏈袋，裝入奶油、1 g 乾酵母。

5. 在 **1** ～ **4** 中分別加入 35℃左右的熱水 50 mL（**ⓑ**）。

6. 在保存容器中注入 35℃左右的熱水，然後將 **5** 的四個夾鏈袋放入
（**ⓒ**）。觀察其變化（**ⓓ**～**ⓔ**）。

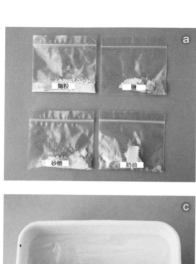

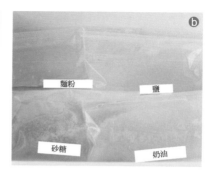

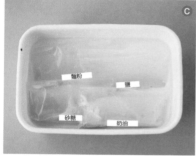

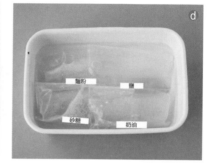

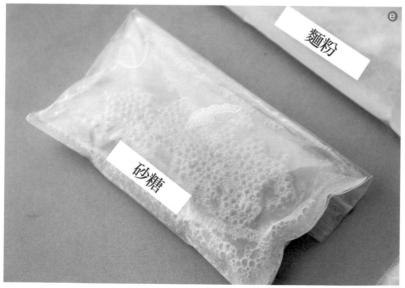

麵包膨脹的原因與條件

　　將乾酵母與砂糖混合後會產生氣泡，因為乾酵母是酵母乾燥後的產物，所以加入熱水後，酵母便會開始活動。酵母由酵母菌構成，酵母菌是一種微生物，大小為 5 ～ 10 μm（1 μm 為 1 mm 的 1/1000）。

　　酵母菌以糖為食物，會排出二氧化碳與酒精（乙醇）。麵包麵糰發酵後之所以會有酒精味，就是這個原因。因為會產生酒精，所以這個過程也稱做酒精發酵 ※。

　　麵粉與水混合後，麵粉內的蛋白質會彼此纏裹在一起，形成三維網狀結構，酒精發酵時所產生的二氧化碳會撐開這個三圍結構，使麵包膨脹。

　　蛋白質彼此纏裹在一起時，鹽可為麵包增添鹹味，奶油可增添風味。

　　酵母菌是微生物，加熱到 60℃時便會死光，烘烤麵包會殺死酵母菌，結束發酵過程，最適合酵母菌活動的溫度則是 35 ～ 38℃左右。這次實驗中，之所以將夾鏈袋泡在熱水中，也是為了保持溫度，讓酵母菌處於活躍狀態。麵包最好的發酵溫度是 35℃，正是因為這個溫度是酵母菌最活躍的溫度。

　　若想知道各種材料中，「哪種材料是現象的主因？」就必須一個個測試，來比較實驗結果。若把多種材料全部混在一起做實驗，便無法分析出現象的真正原因。「除了欲比較的條件之外，將所有條件設為相同狀態」，是進行比較時的一大重點。這次實驗中，欲比較的條件是材料（麵粉、鹽、砂糖、奶油），欲改變的條件是材料，那麼量、反應溫度等其他條件就必須保持一致。要是連量與溫度等條件都跟著改變，就很

難從結果中分析出原因。

　　「可以改變的條件只有一個」是實驗的基本。舉例來說，如果研究題目是「酵母最活躍的溫度真的是 35℃嗎？」那各組的材料種類、量都必須保持一致，只有改變溫度條件；如果研究題目是「砂糖量會影響產生的氣體量嗎？」那各組的材料種類、溫度必須保持一致，只有改變砂糖量。要是一次改變兩個條件，就沒辦法解答這個研究所提出的問題。

※ 化學式 $C_6H_{12}O_6 \rightarrow 2CO_2 + 2C_2H_5OH$

麵包的材料與酵母的反應（示意圖）

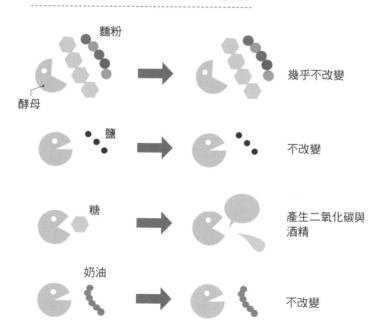

麵粉

酵母

幾乎不改變

鹽

不改變

糖

產生二氧化碳與酒精

奶油

不改變

酵母菌會攝取糖，獲得能量，產生二氧化碳與酒精。

方便的工具③

標籤印表機、手寫標籤、便利
貼等這些小道具可以幫助我們
區別出外觀相似但性質完全不
同的液體或粉末。

第3章

觀察變化
〜即使外觀改變，內在仍相同〜

中谷宇吉郎（1900～1962年）是世界上第一位製作出人工雪的人，他曾寫道：「雪是來自天空的信」。雪的結晶形狀會受結晶時的溫度與濕度影響，在-15℃左右結晶時，因水蒸氣較多，結晶呈樹枝狀；在-22℃左右結晶時，因水蒸氣較少，結晶呈六角柱狀。

降至地面的雪，最後會融化成水，並在陽光的加熱下，變回水蒸氣返回天空。冰、水、水蒸氣……水可變成不同狀態，但不同狀態的水皆由水分子構成。而且除了水之外，「不同條件下會呈現出不同狀態」的描述也適用於其他物質，譬如鐵等金屬在高溫下會熔化，更高溫下會蒸發，氣態的空氣在低溫下則會變成液態。

水的狀態變化可簡述如下：「水加熱至100℃以上時會變成水蒸氣，冷卻至0℃以下時會變成冰」。物質的狀態變化，亦可幫助我們分辨出物質的種類。氧氣與氮氣乍看之下難以區分，但如果冷卻到-190℃以下，氧氣會轉變成液態，氮氣則會保持氣態，此時便可分開兩者。

物質的「變化」一定有科學上的原因，知道這些原因之後，便能開發出新的技術。舉例來說，衣服內的「智慧纖維」可隨濕度調整，便是參考松果的變化開發出來的產品。

讓我們藉由實驗，觀察物質在不同濕度、不同壓力、不同溫度下的變化吧。

如何將松果放入瓶內？

　　如何製作瓶中松果呢？瓶口很小，所以松果不可能直接放入瓶中，但看起來也不像是將瓶子切開再放入松果的樣子。那麼，製作者究竟是怎麼將松果放入瓶中的呢？

　　隨處可見的松果究竟是什麼呢？是松樹的種子嗎？讓我們透過實驗觀察松果外形的變化，思考松果的作用是什麼。

🔍 觀察松果外形的變化

實驗所需物品

- 松果　1 個
- 瓶子　1 個
- 水　適量
- ▶ 廣口容器、廚房紙巾等

請選用瓶口略小於松果，無法將松果直接放入的瓶子。

實驗方法

1. 在廣口容器中注水，將松果浸泡在水中（ⓐ）。

2. 放置 10 分鐘左右（ⓑ），待松果縮小至足以放入瓶中時取出，以廚房紙巾擦乾水分（ⓒ）。

3. 將 2 的松果放入瓶中（ⓓ），待其自然乾燥。

　　浸水後，松果會蜷縮起來；乾燥後，則會舒張開來。松果有著存放、保護種子的功能，我們平常看到「散落地面的松果」，裡面已經沒有種子了，因為種子都早已隨風飄散。不過，如果是還長在松樹上的松果，鱗片內便含有大量種子。松樹的花可以分成雄花與雌花，雄花的花粉隨風飄至雌花授粉後，雌花會發育成松果與種子。松果與種子需花兩年左右的時間才會成熟。

　　風能吹起松果內的種子，種子藉由薄片狀羽毛乘風飛起。因為種子的羽毛碰到水時會受損，所以快下雨時，松果會收合以保護種子，天氣晴朗時才會張開，讓種子飛出。

　　松果的「鱗片」可分為兩層，上層（內側）與下層（外側）的結構不同，上層由細纖維束組成，下層則由縱向纖維與橫向纖維層層相疊而成。鱗片下層在潮濕環境下會延展，乾燥環境下則會收縮，鱗片上層的長度則不會因環境潮濕程度而改變。

　　下雨時，鱗片下層延展，使鱗片直直伸出；環境乾燥時，鱗片下層收縮，使鱗片往外側彎曲，松果便會因此張開或收合。如前所述，這種機制被應用在開發智慧纖維上。

松果的鱗片間有許多帶著羽毛的種子。

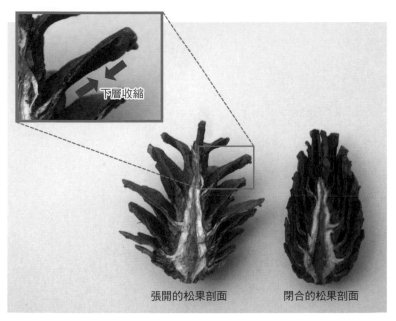

下層收縮

張開的松果剖面   閉合的松果剖面

鱗片有上下兩層，下層在環境乾燥時會收縮，上層則不會隨濕度而變形，故乾燥時松果會張開。

棉花糖與氣壓之間的神奇關係

　　海苔、仙貝等零食受潮後就會失去爽脆口感，所以需要用真空密封罐來保存，抽走容器內的空氣後，便可移除空氣中的水分。另外，經油炸處理後的洋芋片等零食，在開封並暴露於空氣中一陣子後，零食上的油會與氧氣反應，因而產生異味。若保存於真空密封罐，便可避免零食與氧氣接觸，防止其氧化。

　　那麼，如此好用的真空密封罐，裡面真的是真空嗎？讓我們用棉花糖來驗證看看吧。

用真空密封罐來使棉花糖膨脹起來

實驗所需物品 ....

● 棉花糖　適量

▶ 附抽氣幫浦的真空密封罐

　　　抽氣幫浦是真空密封罐的零件之一。
　　　將抽氣幫浦裝在蓋子上，上下操作，
　　　便可吸出內部空氣。

實驗方法 ....

1. 將棉花糖放入真空密封罐。

2. 蓋上蓋子（ⓐ），以幫浦抽出罐內空氣（ⓑ～ⓒ）。

3. 打開蓋子，讓空氣進入罐內（ⓓ）。

氣壓變化造成的改變

　　抽出罐內空氣後，棉花糖的體積變大了。棉花糖是用打發的蛋白與砂糖、香料混合後，再以明膠固化的零食。之所以會有鬆軟的口感，是因為裡面含有大量空氣，固化的棉花糖內部有無數個小小的氣泡。

　　將棉花糖放入罐內密封，棉花糖內的氣壓會與罐內氣壓一致。用幫浦抽出罐內的空氣後，罐內氣壓降低，棉花糖內的氣壓則升高。從外側擠壓棉花糖的力量減小，於是棉花糖內的氣體便會往外撐開棉花糖。

　　飛行中的飛機內，密封包裝的零食會膨脹，各位知道為什麼會這樣嗎？因為飛機的氣壓較低，而袋內氣壓較高，所以袋內空氣會撐大零食袋。

　　另外，這次實驗中，空氣進入真空容器時，棉花糖之所以會迅速縮小，是因為進入容器的空氣將棉花糖壓回原樣。

氣壓高低的差異（示意圖）

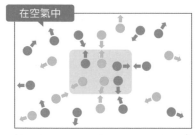

棉花糖外的氣體分子所形成的壓力，與棉花糖內的氣體分子所形成的壓力達成平衡。

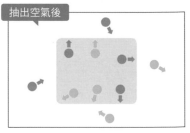

抽出空氣後，棉花糖外的氣體分子數減少，氣壓變低。

應用篇 ┃ **掉落的吸盤**

讓我們用有抽氣幫浦的真空密封罐來做另一個實驗吧。

實驗所需物品

▶ 橡膠氣球、吸盤、附抽氣幫浦的真空密封罐

實驗方法

1. 將橡膠氣球吹大，以吸盤吸附在真空密封罐的內側。

2. 蓋上蓋子，以幫浦抽出容器內的空氣。

解說 抽真空後，橡膠氣球會膨脹得更大，而吸盤則會掉落。吸盤是藉由吸盤外的氣壓吸附在物體上，所以當吸盤外的空氣被抽走，吸盤便無法吸附住物體，會掉落下來。氣球會膨脹的原因則與棉花糖膨脹的原因相同。

在 3 分鐘內將果汁變成冰沙

　　將果汁冰在冷凍庫一段時間後，就會結凍成冰棒，但要結凍需要花上不少時間，如果改用 -196℃的冷卻材料「液態氮」，便能在瞬間將果汁變成冰沙，但液態氮對於一般家庭來說很難取得。若要在家中自製冰沙，最好的方法就是用冰和食鹽來冷卻，這種方法可以一次做出多種口味的冰沙，是個相當適合夏天做的實驗。

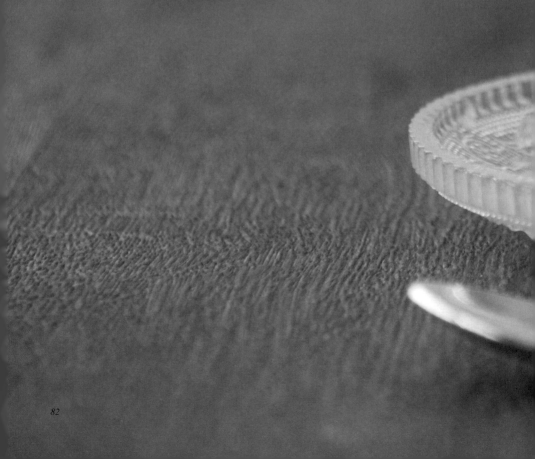

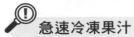 **急速冷凍果汁**

實驗所需物品 ....

● 食鹽　4 大匙

● 果汁　共 100 mL

● 砂糖　共 10 g

▶ 碎冰 4 杯、大夾鏈袋 2 個、小夾鏈袋 2 個

實驗方法 ....

1. 在兩個小夾鏈袋中，分別放入 50 mL 果汁與 5 g 砂糖。

2. 在一個大夾鏈袋中放入 2 杯碎冰。

3. 在另一個大夾鏈袋中放入 2 杯碎冰與食鹽（ⓐ），充分混合。

4. 將兩個小夾鏈袋分別放入 **2** 與 **3** 中（ⓑ）。

5. 將兩個大夾鏈袋密封，充分搖勻。3 分鐘後，取出小夾鏈袋。

解說　**食鹽如何讓冰塊產生變化？**

　　放入僅含冰塊之夾鏈袋內的果汁沒有結凍，而放入含有冰塊與食鹽的夾鏈袋果汁則會結凍。

　　摻有食鹽的冰，冷卻速度會比一般的冰還要快。試著用手觸碰，會發現摻有食鹽的冰比較冷，雖然比較冷，但融化的水也比較多，很有趣吧。

　　摻有食鹽的冰之所以融化得比較快有兩個原因，一個是「凝固點下降」，另一個是「冰的融化熱」。

　　冰與食鹽接觸後，食鹽會溶解在冰表面的水中，使冰的凝固溫度下降，若水分子之間有食鹽，會使水不容易凝固成冰。這種「讓液態轉變成固態的溫度下降」的現象，稱做「凝固點下降」。

　　不管是液態的水還是固態的冰，都是由水分子組成。液態水的水分子雖彼此連結，卻也保有一定的流動性，固態水（冰）轉變成液態水時，則需要吸收熱能（冰的融化熱）。水在 0℃ 以下會結冰，所以當融化的水被吸走熱能，使其溫度降到 0℃ 以下，便會再次結凍，結凍時會向周圍釋放出熱能。

　　「冰塊表面融化成水，食鹽溶於這些水中，使凝固點下降，讓更多冰融化。冰融化成水時會吸熱，使周圍溫度下降。但即使周圍溫度低於 0℃，在食鹽的妨礙下，水仍不會結成冰。所以水會越來越多，溶解更多食鹽，使凝固點降得更低，周圍溫度也降得更低。」以上步驟持續循環，溫度便會持續下降。溶有食鹽的水，凝固點可低到 -20℃，這個溫度已足以凍結果汁。

那麼，為什麼這種方式的結凍速度比冰在冷凍庫還快，而且得到的是顆粒狀冰沙，而不是硬梆梆的冰棒呢？

要將水結凍成冰時，需要降溫以奪走水的熱能。冷凍庫中，低溫的氣體分子接觸到水時可奪走水的熱能，但氣體中的分子並不密集。以水為例，水蒸氣的水分子數量，是同體積液態水或固態冰的 1/1700 左右。以氣體冷卻物體時會花比較多時間，就是因為接觸物體的氣體分子數較少。

在「食鹽＋冰」的實驗中，因為冷卻用的液態分子較為密集，可以迅速奪走果汁的熱能，急速冷凍。當水分緩慢結凍，會得到較大的結晶；急速結凍時，則會得到較小的結晶，所以放在冷凍庫結凍時，冰的結晶又大又硬；以「食鹽＋冰」結凍時，冰的結晶則較小顆，成冰沙狀。

水、冰、食鹽水的結構（示意圖）

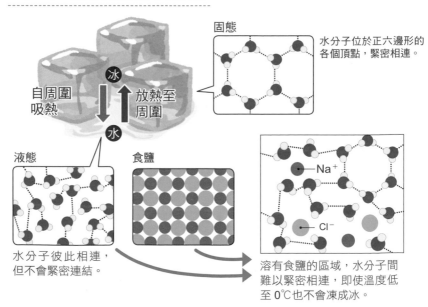

固態
水分子位於正六邊形的各個頂點，緊密相連。

自周圍吸熱　放熱至周圍
冰
水

液態
水分子彼此相連，但不會緊密連結。

食鹽

Na⁺
Cl⁻

溶有食鹽的區域，水分子間難以緊密相連，即使溫度低至 0℃也不會凍成冰。

應用篇 ｜ 釣冰塊

試著用細線垂釣冰塊吧。

實驗所需物品

建議用接近長方體或立方體的冰塊。

● 冰塊（約 2 cm 大）　2 顆

● 棉線（約 20 cm）　2 條

● 食鹽　少許

▶ 裝水的調理盆

實驗方法

1. 將兩條棉線一端鬆開約 1 cm，將鬆開部分充分沾濕（要是水沾不上去，可用少許清潔劑清洗，使水充分滲入棉線內）。

2. 在裝有水的調理盆內放入兩顆冰塊，使其自然浮起。

3. 將兩條棉線鬆開的一端分別垂放在兩顆冰塊上。在其中一顆冰塊上撒少許鹽，另一顆冰塊則維持原樣。靜置 30 秒後拉起棉線。

解說 沒有撒鹽的冰塊接觸空氣的部分會逐漸融化，撒鹽的冰塊接觸空氣的部分也會融化，但「接觸到食鹽的冰」的溫度比較低，所以附近的水會連著棉線一起結凍。

逐漸膨脹的肥皂

肥皂會越用越小，且越來越難用。不過只要將肥皂拿去微波後便可使其膨脹，方便繼續使用，這招小撇步曾引起一陣話題。將肥皂拿去微波後真的會膨脹嗎？肥皂微波後為什麼會膨脹呢？

讓我們從微波爐加熱物體、液體的機制，探討肥皂膨脹的原因吧。

用微波爐加熱肥皂

實驗所需物品 ....

- 肥皂（小塊）　10 g 以下

▶ 耐熱盤

實驗方法 ....

1. 將肥皂放在耐熱盤上（ⓐ）。

2. 放入微波爐加熱 20 秒。

3. 膨脹後取出（ⓑ）。

＊實驗時一定要使用小塊肥皂。
　如果肥皂太大，會膨脹得過
　大，可能會造成微波爐故障。

微波爐的效果

　　用微波爐加熱肥皂時，會產生大量氣泡，使肥皂膨脹得很大。與烤箱不同，微波爐在使用時本身並不會變熱。那麼，為什麼微波爐可以加熱內部的食物呢？

　　微波爐是一種可以發射微波的機器，微波是一種電磁波，包括電視、廣播、無線網路、GPS 在內，我們周遭的許多工具，都會用到電磁波。微波的波長為 1 m ～ 100 μm，頻率（每秒振動次數）為 300 MHz ～ 300 GHz，其中，微波爐用的是波長 10 cm、頻率 2450 MHz 的微波。這個頻率的微波可以在 1 秒內朝著正向與負向振盪 24 億 5000 萬次。這個頻率的微波容易被水分子吸收，使擁有極性的水分子（H_2O）在 1 秒內振動 24 億 5000 萬次。物體內的水分子快速運動，即可提升物體溫度。

　　微波爐是藉由水分子的振動加熱食物，所以不含水分的東西無法以微波爐加熱。另外，微波爐也沒辦法加熱乾冰這種沒有極性的分子。

　　肥皂含有水，所以我們可以用微波加熱肥皂內的水分子，使其轉變成水蒸氣。液態水轉變成氣態水蒸氣時，體積會變成原來的 1700 倍，所以肥皂會迅速膨脹。

微波爐的運作機制（示意圖）

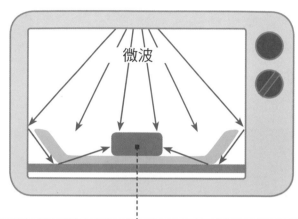

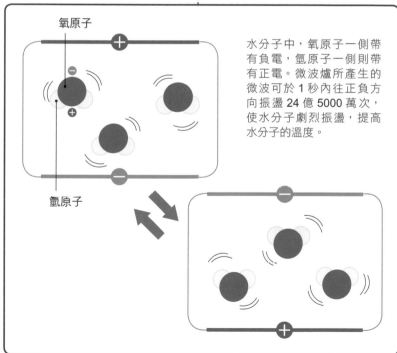

氧原子

氫原子

水分子中，氧原子一側帶有負電，氫原子一側則帶有正電。微波爐所產生的微波可於 1 秒內往正負方向振盪 24 億 5000 萬次，使水分子劇烈振盪，提高水分子的溫度。

看不見的吸水顆粒

　　尿布使用了高吸水性聚合物作為吸水材料。聚合物為高分子化合物之意，高吸水性顧名思義，就是吸水能力很強的意思。

　　近年常見的吸水除臭顆粒，是用含除臭成分的液體為高吸水性聚合物染色後得到的產物。隨著時間經過，除臭顆粒內的水分會逐漸蒸發，變得越來越小顆，除臭成分含量也會越來越低，所以只要看顆粒的大小，就可以看出除臭成分減少的程度。

　　將除臭顆粒丟入水中，其輪廓會消失。照片中央的小罐中明明裝了許多透明吸水顆粒，但肉眼卻看不到顆粒的輪廓，為什麼會這樣呢？

將吸水顆粒放入水和糖水內

實驗所需物品

- 吸水顆粒（除臭顆粒、園藝用高分子吸水顆粒等，由高吸水性聚合物製成的大型顆粒） 適量
- 水 適量
- 糖水 每 100 mL 的水溶有 1 大匙砂糖
- 透明容器 2 個

吸水顆粒（照片左方）可在日本的平價商店或居家修繕工具店找到。

實驗方法

1. 在兩個透明容器內倒入吸水顆粒至 2/3 高左右（ⓐ）。

2. 將 **1** 的一個容器倒入水，另一個容器倒入糖水。觀察吸水顆粒的變化，直到吸水顆粒全部浮起為止（ⓑ）。

水　　　　糖水

光在水與糖水中的路徑不同

　　高吸水性聚合物能吸收的水量，是本身質量的 100 ～ 1000 倍。為什麼高吸水性聚合物的吸水性那麼強呢？

　　高吸水性聚合物由聚丙烯酸鈉製成，而聚丙烯酸鈉是由許多丙烯酸鈉聚合而成的分子，是一種有網狀結構的長鏈分子。聚丙烯酸鈉分子接觸到水後，分子內的鈉離子（Na^+）會離開羧基（$-COO^-$）。而 $-COO^-$ 之間會彼此排斥，撐開分子內的空間，使水分子陸續進入分子內。

　　含有大量水分的吸水顆粒，就相當於被一層層聚丙烯酸鈉包圍住的水團。光在這個水團的折射率，也就是光線路徑的彎曲方式，與光在水中的折射率相同。

　　光在同一種物質內行進時，會保持一定方向持續往前，但當光進入另一種物質內，則會轉彎，往另一個方向前進。當水中有高吸水性聚合物，外界的光會先進入水中，再穿過幾乎由水組成的水團，所以前進時會保持一定方向。另一方面，高吸水性聚合物置於糖水中時，外界的光會先進入糖水中，再穿過幾乎由水組成的水團，此時光的路線便會彎曲。所以我們從外面觀看時，可以看到糖水中的高吸水性聚合物輪廓。

　　將水注入容器之前，可以看到高吸水性聚合物的輪廓，但注水後輪廓卻跟著消失，也是同樣的原因。

吸水機制（模式圖）

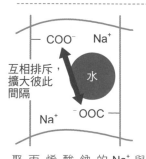

聚丙烯酸鈉的 Na^+ 與 $-COO^-$ 會在水中解離，$-COO^-$ 之間會互相排斥，撐大空間，讓水分子進入。

方便的工具④

使用多個同樣大小的透明容器，在比較或觀察不同實驗時會方便許多。照片中是耐熱的布丁盒，如果不需耐熱、不會接觸到食物，可以改用一般的塑膠杯。

第4章

反應
～混合後會產生變化的東西～

　　有些物質在各自分開時相當穩定，但混在一起時卻會出現變化。以小蘇打粉和醋為例，兩者分開時相當穩定，混在一起時卻會冒泡產生氣體。

　　這種混合兩種以上物質後產生新物質的過程，就稱做「化學反應」。像是氫氣與氧氣會反應產生水，碳原子與氧氣會反應產生二氧化碳，炭的燃燒是碳與氧氣的化學反應，鐵生鏽則是鐵與氧氣的化學反應等等，我們周遭隨處可見各種化學反應。

　　化學反應的種類多得數不清，然而，某些看似完全不同的化學反應，從科學角度看來，其實是相同的現象。舉例來說，前面我們提到了「水的生成、二氧化碳的生成、炭的燃燒、鐵的生鏽」，其實都是物質與氧氣結合的化學反應，也就是所謂的「氧化」反應。

　　小蘇打粉與醋混合後會產生氣體，這種現象屬於「酸鹼中和」反應，當酸性物質與鹼性物質混合，便會產生酸鹼中和反應。小蘇打粉與檸檬汁混合時會產生氣體，與檸檬酸混合時也會產生氣體，這些都屬於「酸鹼中和反應」。

　　許多乍看之下完全不同的現象，其實屬於同一類「化學反應」。了解到各種化學反應的科學背景後，碰上未曾見過的化學反應時，就可以推測，「這個化學反應可能是有哪些物質參與」。

用化學原理來吹氣球

　　用嘴巴吹氣球這件事其實比想像中還要困難。小孩子一般很難把氣球吹大，就連大人也要用力吹才能吹出很大的氣球。吹氣球時，須要對氣球施加「由內而外的推力」，也就是說，吹氣球的力道必須大於「氣球內縮的力」及「周圍的空氣壓力」，這可不是件簡單的事。

　　另一方面，因為「小蘇打粉與醋混合後會產生氣體，有助於去除汙垢」，所以小蘇打粉常用於清潔環境。小蘇打粉與醋混合時會產生大量氣體，一段時間後才會停下來。讓我們試著利用這種「能一口氣產生大量氣體」的性質來吹氣球吧。

收集小蘇打粉與醋反應後產生的氣體

實驗所需物品

● 橡膠氣球　1 個

● 醋　100 mL

● 小蘇打粉　2 大匙

▶ 寶特瓶（容量 500 mL）、紙（影印用紙即可）

小蘇打粉（照片中央）可分為藥局販賣的高純度「碳酸氫鈉」，以及一般商店賣的低純度清潔用小蘇打粉。

實驗方法

1. 將紙捲成圓筒狀，插入氣球的吹氣孔，然後將小蘇打粉沿著紙筒的內側倒入氣球內（ⓐ），再拿走紙張。

2. 在寶特瓶內倒入醋（ⓑ）。

3. 將 **1** 的氣球吹氣孔套在 **2** 的寶特瓶瓶口上（ⓒ）。

4. 調整氣球位置，使內部的小蘇打粉落入寶特瓶內（ⓓ～ⓔ）。

* 這個化學反應有些劇烈，氣球很可能會突然彈開後弄髒周圍環境，所以請準備好弄髒也沒關係的實驗環境。在實驗時，臉不要靠近實驗裝置。如果要確認氣球內是哪種氣體（p.104）以接著做下一個實驗，請讓氣球繼續套在寶特瓶瓶口。

酸性與鹼性

　　小蘇打粉的成分是鹼性物質「碳酸氫鈉」，醋裡面則含有酸性物質「醋酸」，將碳酸氫鈉與醋酸混在一起時，會產生化學反應，生成二氧化碳。這些二氧化碳可為氣球充氣，吹起氣球，且因為二氧化碳比空氣重，所以這種氣球在空氣中不會往上飄。

　　請在反應進行時摸摸看寶特瓶底部，應該會覺得涼涼的吧？這是因為，碳酸氫鈉與醋酸的反應為吸熱反應，會從周圍奪走熱能。

　　碳酸氫鈉的化學式寫做 $NaHCO_3$，溶在水中時會解離出 Na^+ 與 HCO_3^-；醋酸的化學式為 CH_3COOH，溶在水中時會解離成 CH_3COO^- 與 H^+，因此將碳酸氫鈉與醋酸混合時，HCO_3^- 會與 H^+ 結合，生成 H_2CO_3，而 H_2CO_3 會馬上分解成二氧化碳（CO_2）與水（H_2O）。這個分解過程會從周圍吸熱，所以周圍會覺得涼涼的。

　　若改用檸檬酸或延胡索酸等酸性物質取代實驗中的醋，也可以得到二氧化碳，譬如發泡入浴劑就很常用到碳酸氫鈉與延胡索酸。將其丟入浴缸內，溶解於水中後，碳酸氫鈉與延胡索酸就會起化學反應，產生二氧化碳。如果用手抓住發泡入浴劑，就會覺得涼涼的。

　　氯系漂白劑含有鹼性物質次氯酸鈉（$NaClO$），是鹼性水溶液，會與酸反應，常用於漂白餐具，不過次氯酸鈉與酸反應後產生的氣體不是二氧化碳，而是有劇毒的氯氣。氯系漂白劑與強酸清潔劑皆會標示「不可混合兩者，以免發生危險」就是這個原因，只要有酸性物質，次氯酸鈉就會產生反應，所以絕對不能將氯系漂白劑與醋或檸檬酸混合。

醋與小蘇打粉

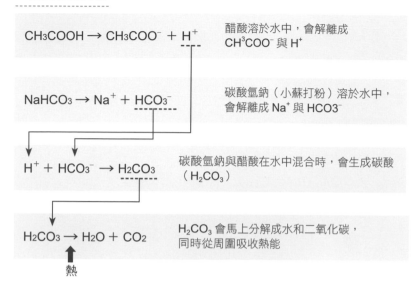

$CH_3COOH \rightarrow CH_3COO^- + H^+$　　醋酸溶於水中，會解離成 CH^3COO^- 與 H^+

$NaHCO_3 \rightarrow Na^+ + HCO_3^-$　　碳酸氫鈉（小蘇打粉）溶於水中，會解離成 Na^+ 與 $HCO3^-$

$H^+ + HCO_3^- \rightarrow H_2CO_3$　　碳酸氫鈉與醋酸在水中混合時，會生成碳酸（H_2CO_3）

$H_2CO_3 \rightarrow H_2O + CO_2$　　H_2CO_3 會馬上分解成水和二氧化碳，同時從周圍吸收熱能

熱

製成「入浴球」的發泡性入浴劑。多由碳酸氫鈉與延胡索酸製成。

　　氣球內的氣體真的是二氧化碳嗎？從以前到現在，小學自然課都會做一種實驗，確認「呼出的氣體內是否含有二氧化碳」。讓我們用同樣的方法來確認氣球內的氣體有沒有二氧化碳吧。

實驗所需物品

- 海苔等零食內附的乾燥劑〔包裝上標明含有生石灰、CaO（氧化鈣）的乾燥劑〕　少量
- 水　適量
- ▶ 寶特瓶（容量 500 mL）2 個

生石灰乾燥劑。自 4 × 6 cm 左右的小袋中取出，請盡量不要用手直接接觸。若使用一整袋大包乾燥劑來做實驗，可能會過熱造成危險。

實驗方法

1. 在寶特瓶內注入 400 mL 的水，加入乾燥劑，注意不要用手直接接觸乾燥劑。蓋上蓋子充分搖動（ⓐ）後，靜置待其完全沉澱（ⓑ）。

2. 小心地將 1 的透明上清液（石灰水）倒至另一個寶特瓶，注意手不要碰到液體（ⓒ）。

3. 將前一個實驗（p.100）中吹起來的氣球自寶特瓶上取下，壓著氣球口防止氣體逸出。

4. 將 3 的氣球套在 2 的瓶口上（ⓓ）。反覆翻轉寶特瓶，使瓶內液體與氣球內的氣體充分混勻。翻轉寶特瓶時，注意不要讓氣球脫落（ⓔ）。

＊乾燥劑與石灰水皆為鹼性，如果接觸到眼部可能會傷到眼睛。操作時須特別
　注意，要是手不小心碰到了，請馬上用水沖洗乾淨。

解說 石灰水與氣球內的氣體混合後，會呈白色混濁狀。因為生

石灰（CaO）溶於水中時，會轉變成氫氧化鈣（$Ca(OH)_2$）[※1]，

而氫氧化鈣又會與二氧化碳反應，生成碳酸鈣（$CaCO_3$）[※2]。碳

酸鈣是貝殼的主要成分，是一種難溶於水的白色物質。所以若

持續對石灰水吹氣，便可使其轉變成白色混濁狀，這就是因為

吐出的氣體內含有大量二氧化碳的緣故。

※1 化學式 $CaO + H_2O \rightarrow Ca(OH)_2$　　※2 化學式 $Ca(OH)_2 + CO_2 \rightarrow CaCO_3 + H_2O$

不用手使氣球破裂

　　許多保溫容器都是以保麗龍製成，十分輕便好用。保麗龍是一種塑膠，由發泡的聚苯乙烯製成，其中有 98% 的體積是空氣，所以相當輕。

　　使用後的保麗龍可以融化後重新再利用。融化保麗龍時會用到「檸烯」。檸烯常見於柑橘類果實的外皮，可以讓我們在不碰到氣球的情況下，使氣球破裂。

　　這個實驗很有衝擊性，很受小孩子歡迎。不過，因為氣球破裂時會發出很大的聲響，實驗時請小心。

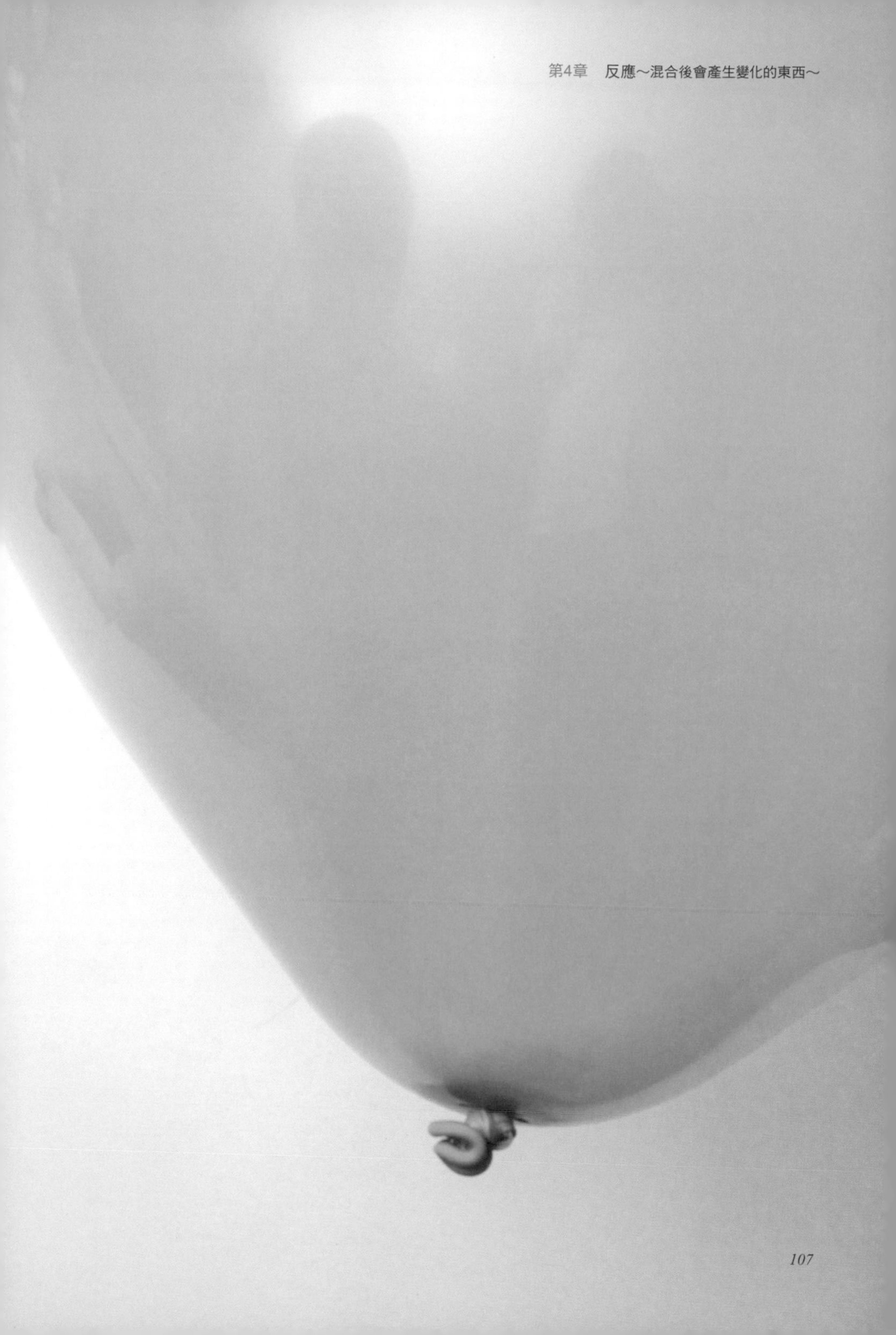

用柑橘類果皮融化氣球

實驗所需物品

- 橡膠氣球 1 個

- 含果皮的柑橘類 少量

▶ 菜刀、砧板等

柑橘類包括檸檬、葡萄柚、柳橙
等，選擇方便取得的水果即可。

實驗方法

1. 吹大氣球，綁住吹氣口（ⓐ）。

2. 將柑橘類果皮切成小塊（ⓑ）。

3. 將 **2** 的果皮靠近 **1** 的氣球，擠壓果皮以噴出汁液至氣球上（ⓒ～ⓓ）。

＊氣球越薄越容易成功，所以請盡可能把氣球吹大。

柑橘類果實的果皮成分

　　柑橘類果實的果皮內含有名為「檸烯」的物質。檸烯是柑橘類的香氣成分，易溶於油脂中，所以也是清潔劑的常見成分。

　　檸烯的化學式為 $C_{10}H_{16}$，如下圖所示，由許多碳原子及氫原子組合而成，包含了一個六邊形苯環。

　　這個結構與苯乙烯十分相似，而保麗龍的原料——聚苯乙烯——就是由多個苯乙烯聚合而成。檸烯的形狀與苯乙烯相似，能滲入聚苯乙烯間的空隙，融化聚苯乙烯產品。

　　橡膠氣球的原料是由異戊二烯聚合而成的聚異戊二烯，其結構亦與檸烯相似，所以檸烯也可融化聚異戊二烯產品。氣球接觸到柑橘類果皮的汁液會爆裂，就是因為檸烯可以融化聚異戊二烯。

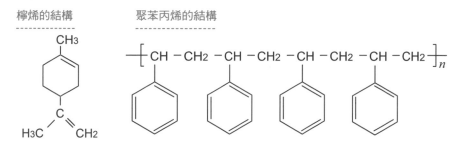

豆腐為高蛋白、低脂肪、低醣的食品，是減肥者的聖品。製作豆腐時，會先從黃豆中榨出豆漿後，再使其凝固製成豆腐。那麼，要怎麼讓豆漿凝固呢？

製作豆腐

實驗所需物品

● 豆漿（「可用於製作豆腐」的豆漿）　2
杯

● 鹽滷　1 小匙

▶ 鍋、溫度計、攪拌匙、湯勺

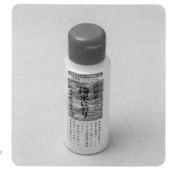

鹽滷可在超市購得。

實驗方法

1. 將豆漿放入鍋內，小火慢煮，一邊以攪拌匙攪動，一邊加熱至 70 ～
75℃（**a**）。

2. 加入鹽滷（**b**），緩慢攪動五次（攪拌過度會碎掉，請特別注意）。
之後以湯勺輕輕觸碰表面，確認硬度。

混合後便會凝固的反應

　　黃豆約有 35% 的成分是蛋白質。黃豆榨汁後再熬煮、過濾，就可以得到豆漿，豆漿中約有 4% 的成分為蛋白質。

　　胺基酸的分子內有酸性官能基羧基（–COOH）與鹼性官能基胺基（–NH^2），胺基酸之間以肽鍵（–CONH–）彼此相連成長鏈，形成蛋白質。

　　豆腐的蛋白質內含有許多名為麩胺酸的胺基酸，麩胺酸含有兩個羧基（–COOH）。

　　液態豆漿內，蛋白質可以自由活動，但加入鹽滷後，蛋白質之間會彼此纏裹，形成網狀結構，將水分與脂質包裹在其中。

　　蛋白質會形成網狀結構有幾個原因。首先，鹽滷內的鎂離子與鈣離子會帶走蛋白質上的水分子，使蛋白質分子間彼此相連。

　　第二個理由是鹽滷內的鎂離子會形成「交叉鏈接（cross-link）」，連接各個蛋白質分子。蛋白質的羧基在水中會轉變成 –COO$^-$，可吸引鎂離子與之結合。一個鎂離子（Mg^{2+}）可以和兩個 –COO$^-$ 結合，多個鎂離子便可將多個黃豆蛋白質連結在一起。

豆漿是由黃豆做成的。

　　第三個理由是鎂離子與鈣離子可和豆漿內的肌醇六磷酸結合，使彼此分散的蛋白質分子更容易集中在一起。

　　在以上作用下，蛋白質分子便會形成網狀結構，最後凝固成塊狀。

　　日本的豆漿可分為成分無調整豆漿與成分調整豆漿。成分無調整豆漿僅由黃豆與水製成，黃豆蛋白質含量在 3.8% 以上。成分調整豆漿則會加入砂糖、食鹽等，使其喝起來更好喝，黃豆蛋白質含量在 3.0% 以上。在日本，標有「可用於製作豆腐」的豆漿的蛋白質含量較高。若豆漿難以凝固成豆腐，通常是因為蛋白質含量較少。

鎂離子所形成的交叉鏈接（示意圖）

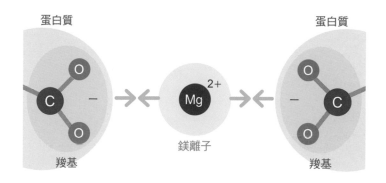

應用篇 | 製作鹹豆漿

　　近年來，日本越來越多地方可以看到臺灣早餐的特色食物「鹹豆漿」。在熱豆漿內加醋，使蛋白質與醋反應後凝固結塊，喝起來有著豆腐般的口感，是一種十分有特色的食物。如果豆漿還有剩，大家可以試著來做做看。而且，即使沒有標註「可用於製作豆腐」，只要是成分無調整豆漿，就可以用於製作鹹豆漿。

實驗所需物品

- 豆漿（成分無調整）　100 mL
- 黑醋　1 小匙
- 各種調味料或配料（譬如醬油、櫻花蝦、青蔥、辣油等）　適量
- ▶ 鍋、碗、湯匙等

實驗方法

1. 在碗中倒入黑醋。
2. 將豆漿倒入鍋內，小火加熱至 85℃（ⓐ）。
3. 將 2 倒入 1（ⓑ）。
4. 用湯匙輕輕攪動，確認硬度（ⓒ）。可再加入自己喜歡的調味料或配料。

解說 豆漿內的蛋白質與牛乳中的酪蛋白（p.36）一樣，在中性狀態下帶有負電荷，分子間會彼此排斥。加醋使豆漿變成酸性後，蛋白質分子間的互斥作用會消失，彼此纏裹凝結成固態。

為什麼製作美乃滋時容易失敗？

　　看到美乃滋的食譜時，總會讓人覺得使用的油脂量比想像中得還要多。直接吃下 1 大匙的油時，會讓人覺得有些「噁心」，但 1 大匙的美乃滋卻不會讓人有這種感覺，為什麼美乃滋不會讓人有這種油油的感覺呢？

　　另外，油與水是無法混勻的，即使充分搖晃沙拉醬，過一陣子之後仍會油水分離。美乃滋的成分是油脂與幾乎由水組成的醋，卻不會產生油水分離的問題。為什麼會這樣呢？這個問題的答案，也是「為什麼製作美乃滋時容易失敗」的原因。

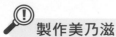 **製作美乃滋**

實驗所需物品 ....

- 油　180 mL
- 蛋黃　2 顆
- 鹽　1 小匙
- 醋　2 大匙
- 芥末　1 小匙
- ▶ 調理盆、打蛋器

溫度太低很容易失敗，所以製作前請將所有材料回溫至室溫。

實驗方法 ....

1. 將蛋黃打入調理盆（ⓐ），之後加入鹽、醋、芥末，充分打勻（要是蛋黃與醋沒有充分混勻，便容易失敗，請特別注意）。

2. 將油一點一點地（分 10 次左右）倒入 **1** 內，同時充分攪拌（ⓑ）。

解說　為什麼水和油可以混合？

　　「製作美乃滋時失敗的原因」多是混合的順序，讓水和油無法均勻混合。油是由三個脂肪酸與一個甘油組成的化合物，脂肪酸由碳氫長鏈與羧基（–COOH）組合而成。譬如橄欖油便含有許多油酸，紅花子油含有許多亞油酸，這些都是脂肪酸，我們平常吃的油脂中，不只一種脂肪酸，而是包含了多種脂肪酸。

　　多數物質的分子要不是「易溶於水、難溶於油（水溶性）」，就是「易溶於油、難溶於水（脂溶性）」。不過，有些分子的一端可溶於水中（親水基），另一端則可溶於油中（疏水基或親油基），這類物質又稱做「界面活性劑」。所謂的界面，指的是某一種均勻的固態、液態、氣態物質，與另一種均勻的固態、液態、氣態物質的交界面，無法互溶之水與油的交界面，就是這裡說的界面。「界面活性劑」是所有能改變界面性質之物質的總稱。

　　蛋黃內含有卵磷脂，卵磷脂分子同時含有親水基與疏水基，所以可做為界面活性劑。將界面活性劑丟入水中時，各個分子會聚集成球狀，親水的部分位於外側，疏水（親油）的部分位於內側；丟入油中時也會聚集成球狀，疏水的部分位於外側，親水的部分位於內側。

　　在水中加入油與卵磷脂後，卵磷脂會將油包住，形成小顆粒分散於水中。從美乃滋的組成看來，油似乎比醋（水分）還要多上許多，但從分子層次來看，油滴仍是以被卵磷脂包住的形式分散於水中。美乃滋吃起來比較沒有油膩感，也是這個原因。

製作美乃滋的時候，絕對不能馬上將水和油混合，應先混合醋和蛋黃，使界面活性劑充分溶於水中，接著再加入油，使界面活性劑的分子以疏水基包住油滴，才能讓油滴分散於水中。

脂肪酸與油脂的結構

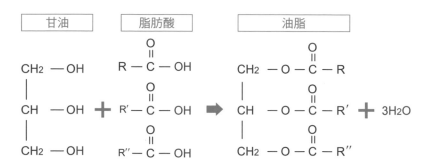

我們平常吃的油脂，由甘油及三個脂肪酸分子組成。圖中的「R」為碳氫長鏈之意。脂肪酸包括油酸、亞油酸、硬脂酸等。

美乃滋的結構（示意圖）

疏水基 ━━●親水基

水分

油滴

油滴

油滴

油滴

水分

應用篇 ｜ 若是加了更多水分會如何呢？

　　蛋白的主要成分是水，幾乎不含卵磷脂，只有蛋黃含有卵磷脂，所以製作美乃滋時，只使用蛋黃，不使用水分多的蛋白，做起來會比較簡單。先調好美乃滋當基底，之後再加入油或水就會簡單許多。

　　舉例來說，醬油和油無法混勻，但醬油可以和美乃滋混勻。美乃滋也可以再加入檸檬汁或麻油等添加風味。剩下的蛋白可以在打發成蛋白霜後，再與美乃滋混勻（上方與右方的照片）。

漱口藥瞬間變成無色！

　　大家還是小學生的時候，有沒有做過「確認馬鈴薯裡面有沒有澱粉」的實驗呢？切開馬鈴薯，然後在切口滴上褐色碘液，如果樣本含有澱粉，碘液就會變成藍紫色，這就是「碘與澱粉的反應」。

　　碘或許比各位想像的還要常出現在我們的生活中。因為碘有殺菌作用，所以可以製成漱口藥或消毒劑，含有碘的漱口藥不只可以用來測試有沒有澱粉，也可以測試有沒有維生素 C，是相當方便的科學實驗材料。

　　在這個實驗中，液體會在瞬間改變顏色，就像變魔術一樣！不管是大人還是小孩都會很容易喜歡上這個實驗。

改變顏色的漱口藥

實驗所需物品

- 含碘的漱口藥　2 mL
- 太白粉　1 小匙
- 水　適量
- 糯米　少量
- 粳米　少量
- 含維生素 C 飲料　適量
- ▶ 杯子、鍋子、小型容器 4 ～ 5 個、滴管

用這些材料來進行三種實驗。

實驗方法

1. 將含碘漱口藥倒入杯中，加入 100 mL 的水，充分混合（做為碘液使用）。

2. 首先先製作太白粉溶液，將 100 mL 的水及太白粉加入鍋內，小火加熱溶解太白粉，靜置待其冷卻。

3. 將糯米、粳米放在不同的小型容器內，以滴管分別滴下數滴 1 的碘液，確認其變化（ⓐ）。

4. 將 2 的太白粉溶液倒入小型容器內，以滴管滴下數滴 1 的碘液，確認其變化（ⓑ）。

5. 將 1 的碘液倒一些到小型容器內，以滴管滴下數滴含維生素 C 的飲料，確認其變化（ⓒ）。

　　滴下碘液後，粳米會呈藍紫色、糯米則呈紫紅色。澱粉是由葡萄糖聚合而成的螺旋狀分子，碘（I_2）可進入螺旋狀的圓圈內排成一列，呈現出藍紫色的樣子，這就是碘與澱粉的反應。

　　澱粉可分為有許多支鏈的支鏈澱粉，以及沒有支鏈、長長一條的直鏈澱粉。糯米的澱粉約有 75 ～ 85% 為支鏈澱粉，15 ～ 25% 為直鏈澱粉，因此，糯米與粳米在碘與澱粉的反應中，會呈現出不同的顏色，糯米呈紫紅色、粳米則會呈藍紫色。

　　含有澱粉的東西，會在碘與澱粉的反應中呈現出藍紫色。舉例來說，因為影印紙的材料也有用到澱粉，所以滴碘液後會呈紫色。

　　太白粉是植物塊根的澱粉製成的食品，稀薄的漱口藥是淡褐色，但滴入太白粉溶液之後，便會呈藍紫色。順帶一提，如果持續加熱，液體就會變回淡褐色，因為加熱可以鬆開澱粉的螺旋結構，釋出結構內的碘元素，所以該區域的澱粉便不再呈現藍紫色。

　　將含維生素 C 的飲料滴入碘液內後，碘液會瞬間變為無色，這是因為碘和維生素 C 反應成碘離子的關係。碘在水中為褐色，但轉變成碘離子（I^-）後，就會變成無色。將碘液滴入澱粉液後，會反應得到藍紫色澱粉液，不過在加入含維生素 C 的飲料後，會變為無色。

　　加入維生素C後，碘元素會轉變成碘離子，所以我們可以用碘液來測試樣本是否含有維生素C。大家可以試著將柳橙汁、檸檬汁、茶等各種液體滴入碘液內，看看碘液是否會變成無色。

碘與澱粉的反應，以及加熱後的變化（示意圖）

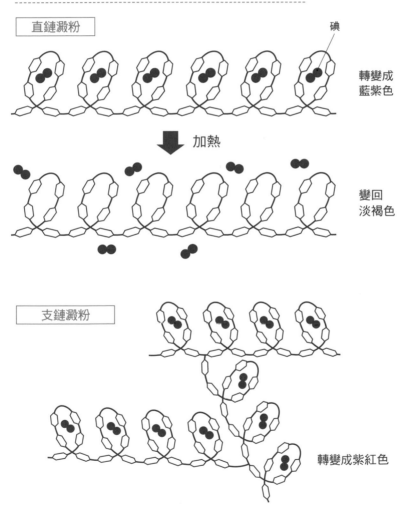

直鏈澱粉

碘

轉變成
藍紫色

加熱

變回
淡褐色

支鏈澱粉

轉變成紫紅色

可以用手抓起的水

液體沒有固定形狀，無法用手直接抓起。水也是液體，就算想抓住，水滴也會從手指間滴落。

我們確實無法直接抓住水，但只要製作出一個細小到不會讓水分子跑出去的膜，就可以將水包住，得到一個可抓起的水塊了。讓我們一起來抓住水吧！

製作被膜包住的水

···

- 海藻酸鈉 1 g
- 氯化鈣 50 g
- 冷水 適量
- 熱水 適量

▶ 調理盆、盆狀容器、打蛋器、湯勺、塑膠棒（或者是免洗筷）

海藻酸鈉與氯化鈣等藥品可在網路上以食品添加物的形式購買。也可以使用除濕劑內的氯化鈣，但要小心不要接觸到眼睛與嘴巴。

實驗方法 ···

1. 在調理盆內倒入 60℃的熱水 100 mL，加入海藻酸鈉 1 g，攪拌均勻。要是覺得難以混勻，可以改用電動打蛋器攪拌（**ⓐ**）。

2. 在盆狀容器內加入 500 mL 的冷水，加入氯化鈣，以塑膠棒攪拌混勻（**ⓑ**）。

3. 用湯勺將 **1** 的液體舀至 **2** 內（**ⓒ**），形成膜之後便完成。

＊完成本實驗或 p.130 的實驗後，請不要將海藻酸鈉與氯化鈣投入同一個排水口，這麼做可能會堵塞住排水口。請分開丟棄，或者將海藻酸鈉稀釋後丟棄，過一陣子再丟棄稀釋後的氯化鈣溶液。

＊除濕劑的氯化鈣可能會灼傷皮膚或黏膜，所以請不要直接接觸。使用過的湯勺與調理盆也要用大量清水沖洗。

大家聽過「人工鮭魚卵」嗎？在天然鮭魚卵價格還很高的年代，人們會以調味料及植物油為原料，製作人工鮭魚卵，那就是這次實驗所做的膜。

海藻酸是存在於海藻內的多醣。昆布之所以會有黏滑的感覺，就是因為裡面含有海藻酸。若在從海藻中取出海藻酸的過程中加入鈉，就可以得到海藻酸鈉。

海藻酸含有多個羧基（–COOH），可以和鈉離子（Na+）、鈣離子（Ca2+）結合。本實驗就和製作豆腐時一樣，鈣離子會將各個羧基連結在一起，形成膜狀結構。

海藻酸鈉可以溶解於水中，但海藻酸鈣卻無法溶解。將海藻酸鈉加入氯化鈣溶液內後，會得到網狀結構的海藻酸鈣，這種結構難溶於水，且網目非常細小，連水分子都無法通過，所以才能夠用以製作「可以抓起來的水」。不過，這個網狀結構包裹起來的部分其實不是「水」，而是海藻酸鈉溶液，所以不建議飲用。

人工鮭魚卵的製作方法為「在海藻酸鈉溶液內加入各種調味料，再加入乳酸鈣之類的溶液，使其形成小顆粒」。現在市面上已幾乎看不到人工鮭魚卵，不過某些新潮的餐廳會提供用同樣方式製作的顆粒狀沙拉醬或顆粒狀果汁。在這種料理法中，需將海藻酸鈉轉變成海藻酸鈣，可以說是分子層次的轉變，所以也有人稱之為「分子料理」。用海藻酸製成的顆粒狀沙拉醬在口中爆開時，新的味覺感受也隨之而生。

即使是同樣的食材，只要口感不同，就會覺得味道不一樣。我們靠著口中的感覺神經，用舌頭感覺食物的觸感、用牙齒感覺食物的嚼勁，負責感覺味道的則是舌頭的味蕾細胞。大腦會綜合來自感覺神經與味蕾細胞的資訊，讓我們感覺到食品的美味。

海藻酸鈉的變化

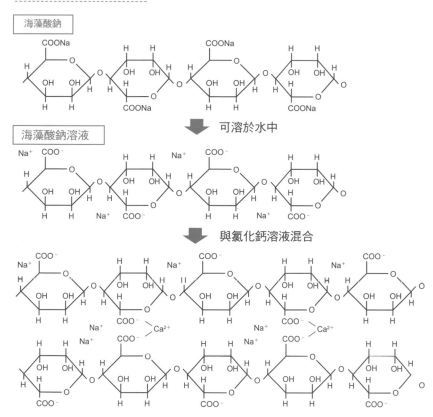

海藻酸鈉

可溶於水中

海藻酸鈉溶液

與氯化鈣溶液混合

變成膠狀的海藻酸鈣，難溶於水

| **製作彩色小球**

　　做完用膜包住水的實驗後，如果材料還有剩，可以用滴管和小瓶子試著做另一個實驗。做法與前面的實驗類似，可以做出裝有彩色小球的可愛裝飾瓶。

實驗所需物品

● 海藻酸鈉溶液（p.127）　適量

● 氯化鈣溶液（p.127）　適量

● 食用色素（三種顏色）　微量

● 水　適量

▶ 滴管、小瓶、塑膠杯 3 個、金屬篩網、小湯匙（可用咖啡攪拌匙）

圖為粉末狀食用色素，市面上也有賣液態的食用色素。這個實驗中不會用到廚具，所以可以用油墨或顏料代替。

實驗方法

1. 舀 1/2 小匙的水至塑膠杯，以食用色素染色（**ⓐ**）。每杯各加入海藻酸鈉溶液 2 大匙（**ⓑ**）。

2. 以滴管吸起 **1** 的液體，滴至氯化鈣溶液中（**ⓒ**～**ⓓ**）。

3. 待其結塊後，以金屬篩網撈起，再用水輕輕沖洗（**ⓔ**）。

4. 在小小的瓶中裝水，然後加入 **3**（**ⓕ**）。

* 丟棄海藻酸鈉溶液與氯化鈣溶液需謹慎處理（p.127）。使用後的器材要仔細沖洗。

變化的焰色

　　日本江戶時代(1603～1867年)的煙火不像現代那麼七彩繽紛，只有火藥燃燒的顏色而已。直到明治時代(1868～1912年)，各種化學藥品在日本國內普及後，才出現了紅、藍、紫等色彩繽紛的煙火。

　　我們常看到的焰色包括瓦斯爐的藍色火焰、蠟燭的橘白色火焰等，其實我們在家中也能製作出綠色或黃色的火焰。那麼，該怎麼做呢？

　　這裡我們會用食鹽，以及藥局可購買到的硼酸、乙醇等藥品，來製作有顏色的火焰。不過，如果只燃燒乙醇，火焰會相當暗，要關燈才看得見。所以在點火之後必須馬上關燈，燃燒完後再開燈。實驗時請保持冷靜，小心不要引起火災。即使看不到火焰，東西仍可能正在燃燒中，請小心操作。

實驗所需物品

- 消毒用乙醇（以開口較小的容器盛裝，最好
  可以用滴的滴出乙醇）　適量
- 硼酸　微量　　　　　● 食鹽　微量
- 衛生紙　1 張
▶ 鋁箔杯 3 個、打火機、小湯匙（可使用泡咖
  啡時的攪拌匙）、濕毛巾

裝有 100 mL 消毒用乙醇的
小包裝，可以用滴的滴出
乙醇。注意不要接觸到眼
睛，平時要蓋好蓋子，絕
對不要放在火源附近。

實驗方法

1. 將衛生紙剪成 1 × 1 cm 的大小，搓揉成團，共三個衛生紙團，一個
鋁箔杯內各放一個。

2. 在每個鋁箔杯的衛生紙團上分別滴三滴消毒用乙醇，沾濕整個衛生紙
團（ⓐ）。如果乙醇太多，燒起來會很危險，請重做一個。請蓋緊乙
醇的蓋子，放在遠離火源的地方。

3. 其中一杯不做任何處理，接著在第二杯的衛生紙上撒一些硼酸，在第
三杯的衛生紙上則撒一些食鹽（ⓑ、撒的量約為攪拌匙的 1/4 匙）。

4. 在三個鋁杯的衛生紙上點火。

5. 小心地關掉電燈，在火焰消失前仔細觀察焰色。

*若火焰過大，請直接用濕毛巾蓋住，將火焰熄滅。

焰色不同的原因

　　什麼都沒加的乙醇在燃燒時，火焰為藍色，但顏色很淡，不太容易看清。相對的，撒上硼酸後的火焰是黃綠色，而撒上食鹽後的火焰則是明亮的黃色。

　　某些元素經火焰加熱時，會釋放出可見光，如硼酸中的硼、食鹽中的鈉，都是可以釋放出可見光的元素。每種元素所釋放出的光線顏色各有不同，鉀是紫色、鍶是紅色、銅是藍綠色，這種受熱後會釋放出元素特有色光的反應，叫做「焰色反應」。味噌湯沸騰溢出時，會讓瓦斯爐的火焰轉變成明亮的黃色，這就是因為味噌湯裡的鈉所造成的焰色反應。

　　現代煙火就是利用這種焰色反應，呈現出繽紛的顏色。製作不同顏色的煙火時，分別會用到不同藥品，譬如紅色是碳酸鍶、綠色是硝酸鋇、藍色是氧化銅。

　　「不同物質在加熱後發出的光，波長也不一樣。」我們可以利用這個性質，藉由物質受熱時所放出的光線波長，來分析物質的成分。另外，我們也可以藉由分析星光的波長，知道這些距離我們相當遙遠的星星是由哪些物質所構成。

　　即使我們沒有實際去過這些星體，也可以藉由這些星體發出的光芒，了解到這些星體由那些元素構成。元素所釋放的光芒，不只美麗，也是我們用以了解宇宙的化學工具。

利用焰色反應製造出來的現代煙火。燃燒加熱後，煙火內的各種元素就會釋放出特有光芒，看起來十分美麗。

即使是距離我們相當遙遠、沒有實際去過的星體，也可藉由分析其光芒，了解該星體由哪些物質構成。

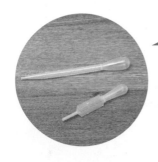

滴管。可以一點一滴地滴出少
量液體。除了實驗用品專賣店
與網路商店賣的實驗用滴管
（上）之外，一般商店、文具
店也有賣書法用的滴管（下）。

第5章

模型化
～親眼看見時便能理解～

之所以會覺得「科學難以理解」，通常是因為「難以實際感受到科學現象」。就算用各種文字說明科學現象，也很難讓人了解這些現象的意義。舉例來說，當小孩子問「為什麼天空是藍色的呢？」就算回答：「因為光會散射，而散射的光線中，藍光較容易被我們看到。」小孩子應該還是聽不懂吧。

即使無法製作出真正的藍天，只要能製作出適當的「模型」，說明「光線被阻擋時，看起來就會偏藍」，便能讓其他人更能理解科學現象。

理解知識後，除了能記得更牢，還能幫助我們應用在生活上。舉例來說，原本彼此分離的水（醋）與油，在蛋黃卵磷脂的作用下，可以均勻混合在一起製成美乃滋，因為卵磷脂有界面活性劑的作用，所以可以讓油與水均勻混合。知道這點後，就可以理解「清潔劑為什麼可以洗清盤子上的油漬」，清潔劑皆含有界面活性劑成分，可以包裹住油滴，順著水流離開盤子。

本章會先介紹不用摺就能飛的紙飛機模型，再用紙張摺出植物種子的模型嘗試投放，這些成品的運動，可以幫助我們思考、理解各種科學原理。另外，我們還會用周圍找得到的東西，在室內重現出天空顏色變化與土壤液化等大規模的科學現象。

「難以理解的現象在模型化後，會變得好理解許多」「模型化可以幫助我們內化知識」，請各位也試著實際體驗這種感覺。

不用摺就能飛的紙飛機

　　紙飛機僅由紙張摺成，卻可以飛上好一段距離，但沒有摺過的紙卻難以往前飛行，甚至可能會飛回來，或是原地打轉落地⋯⋯為什麼紙飛機要摺了之後才能飛呢？

　　另一方面，就算沒有摺疊，只要別上一個迴紋針，紙張就能直直往前飛。看來把重心放在紙張前方是一大重點。

　　建議各位也可以自行嘗試改變迴紋針的重量與位置，觀察看看飛行方式會有什麼樣的改變，這會是一個很有趣的自由研究。

不用摺的紙飛機

- 摺紙用紙（或者是影印用紙、廣告單） 1 張
- 迴紋針 數種

1. 抓住紙張的一邊（ⓐ），拿到頭上後往前丟出（ⓑ）。

2. 在紙張其中一邊的中間裝上迴紋針，用手抓住另一邊（ⓒ），拿到頭上後往前丟出（ⓓ）。

3. 改變迴紋針的大小、個數、固定位置，多試幾遍。

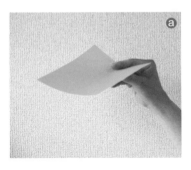

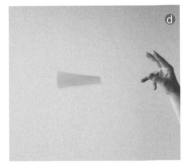

原理與直線飛行的滑翔機相同

　　沒有別上任何東西的紙張，沒辦法往前飛行，只有在別上迴紋針後，才能夠直線往前飛行。為什麼會這樣呢？

　　紙張有重量，在重力的影響下會下落，但紙張下方有空氣，不是什麼都沒有，所以不會直直往下掉。伽利略・伽利萊（1564～1642年）曾說，「在沒有空氣的世界，鐵球和羽毛會用同樣的速度落下」。1971年，阿波羅15號的太空人大衛・史考特就曾在月球上做過鐵鎚和羽毛同時掉落的實驗，證明了伽利略的話。

　　將一張沒有別上任何東西的紙張，沿著與地面平行的方向從頭上丟出，紙張會一邊搖晃一邊掉落至地面。因為紙張的重心不穩，所以掉落的方向不固定，加上迴紋針之後，可以固定紙張的重心，固定其飛行方向，朝著一個固定的方向往前飛行。

　　紙張的飛行方式就像沒有引擎也能持續往前飛的滑翔機，有人說，發明滑翔機的靈感，就是來自原生於東南亞的葫蘆科植物——翅葫蘆（Alsomitra macrocarpa）。

　　翅葫蘆是一種攀緣植物，會攀著高大的樹木往上生長，能結成直徑20 cm的橢圓形大果實，果實內有數百枚有著輕薄羽毛的種子。從樹上飛出的種子可以分到很遠的地方，如果條件好，甚至可以飛到數百公尺遠。

　　1900年代初期，研究「如何讓滑翔機飛得更遠」的澳洲人，伊戈・埃特里希（Igo Etrich）發現了翅葫蘆的種子，並以其為模板，製作出滑翔翼。

現在仍有很多人試著模仿生物結構或功能，開發出各種「仿生技術」（biomimetics、biomimicry）。高速行駛的新幹線在出山洞時，會產生強大的壓力波，為了降低壓力波所造成的噪音與震動，車頭設計成了翠鳥鳥喙的樣子。翠鳥在俯衝進入水面時，幾乎不會濺起水花，就是因為牠的鳥喙形狀可以將阻力降至最低。

　　其他像是重現出鯊魚表皮的競技泳裝、模仿蚊子口器形狀以降低打針痛楚的注射器等，皆為仿生產品。

飛行在空中的翅葫蘆種子。

以翅葫蘆種子為模型開發而成的
滑翔機。

JR 西日本新幹線 500
系電車。設計者參考
翠鳥鳥喙的形狀，製
作出各種模型驗證想
法，最後製作出的車
頭樣子。

俯衝河面的翠鳥。鳥喙演化
成了低阻力的獨特形狀，使
牠們能更有效率地衝入水面
捕捉魚類。

鯊魚可以高速泳動，牠們
的皮膚與尾巴上面生有許
多小小的齒狀鱗片，使其
有著粗糙的觸感。這樣的
鱗片可以減少泳動時的阻
力。

Speedo 競技泳衣「Fastskin LZR
Pure Intent」的放大圖。這套泳衣
有著鯊魚表皮般的觸感，可減輕游
泳時的阻力。表面參考高爾夫球的
紋路，設計成了多個凹凸不平的六
邊形。

旋轉的種子教會我們的事

　　被問到「動物和植物最大的差異是什麼呢？」時，多數人應該會回答「一個會動一個不會動」吧？因為植物無法自行移動。不過，在我們周圍卻有著許多植物呢。

　　路邊的蒲公英並不是有人特地種植的植株，但蒲公英不可能憑空誕生，一定是由種子發育而來。那麼，種子又是來自何方呢？

　　以下就讓我們試著製作結構比蒲公英種子更為簡單的種子模型，用以思考這個問題。柳安木這種木材是為人所熟知的「龍腦香」，常用於製作家具；「臭椿」則常用作行道樹，以下我們將製作這兩種植物的種子模型。

製作種子模型，觀察其飛行情況

- 摺紙用紙（15 cm 見方）　2 張
- 迴紋針 數種
- ▶ 釘書機

1 將摺紙用紙裁成 1.5 cm 寬的紙條（**a**）。

2. 將一條 **1** 的紙條摺成一半（**b**），在摺痕處以釘書機固定（**c**）。

3. 將紙張外側攤開（**d**），便可得到龍腦香種子的模型。

4. 將一條 **1** 的紙條一端往中間彎曲，另一端也往背側中央彎曲，使紙條呈 8 字狀。紙條兩端在中間約有 1 cm 左右的重疊（**e**）。

5. 用釘書機固定重疊的部分（**f**），就成了臭椿種子的模型。

6. 用手舉起 **3** 與 **5** 的成品丟出（**g**～**h**）。

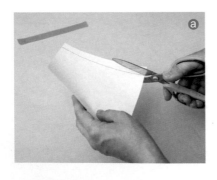

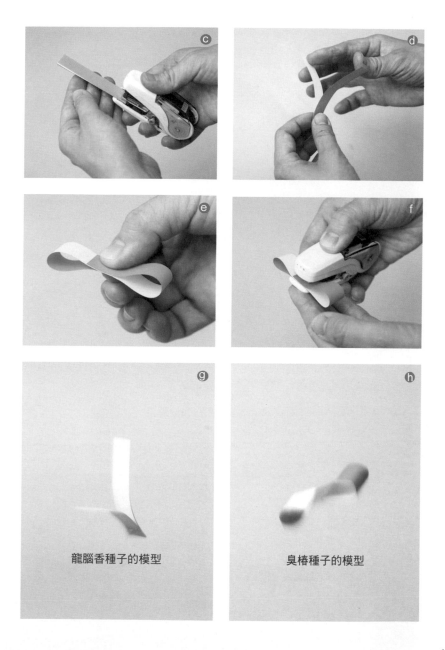

龍腦香種子的模型

臭椿種子的模型

將種子運送到遠方的方法

　　將龍腦香種子、臭椿種子的模型拿到頭部的高度，放手使其自然落下。哪一種模型會一邊旋轉一邊往下掉呢？

　　若種子由風傳播，那麼當種子花越多時間掉落至地面，就能飛到越遠的地方。蒲公英與白楊的種子上有細毛，可以隨風在空中飛舞；翅葫蘆種子（p.141）有著輕薄的羽毛，可以長時間飄盪在空中；龍腦香、臭椿，以及日本常見的楓樹、松樹的種子會一邊掉落一邊旋轉，這麼做可以拉長掉落至地面的時間，使種子能被吹送到遠方。

龍腦香科植物的種子。
照片：Bernard DUPONT

臭椿的種子。
照片：Steve Hurst,
hosted by the USDA-
NRCS PLANTS
Database

綠繡眼以紅色果實為食，同時也扮演著散播種子的角色。

　　到了秋天，南天竹與萬兩等植物會結出紅色果實，常用於聖誕裝飾的柊樹也會結出紅色果實，綠葉中的紅色果實顯得相當醒目。事實上，果實並非一開始就是紅色，而是當內部的種子成熟後，果實才會轉變成紅色，因此紅色果實內的種子皆已成熟。紅色果實是鳥類喜歡的食物之一，許多鳥類會一邊吃著這類紅色果實，一邊飛行，種子則會隨著鳥的糞便排出。於是，種子會與鳥糞內的營養一起落至地面，並於該處發芽。

　　在秋天的森林內，松鼠為了過冬，會將大量橡子貯存在土壤中。橡子若沒有被松鼠吃掉，到了春天便會發芽。因為松鼠將橡子確實埋在了土裡，所以橡子就可以穩固地扎根成長。

　　鳥與松鼠為了裹腹而吃下植物果實、貯藏植物果實，卻也同時協助植物將種子傳播至遠方。

橡子可以做為動物的食物，所以這種傳播種子的方式對動植物都有利。不過也有些情況是植物單方面利用動物來傳播種子。比如說，在天氣轉涼時，走過草叢後，衣服上常會沾上許多帶有棘刺的植物結構，若只用手撥難以全部撥掉，清理時得費上一番功夫。這類刺刺的植物在日語中稱做「附著蟲」，是卷耳或鬼針草的「種子」。

仔細看種子的棘刺部分，可以看到末端有個倒鉤狀結構，這個倒鉤勾住毛後便很難取下。若有動物剛好走過，身上的毛擦到種子時，就會順道將種子帶到遠方，擴張這些植物的分布區域。「魔鬼氈」就是以這種原理開發而成的產品，魔鬼氈可以在無重力的情況下固定住物體，所以也常用於太空站內的服裝。

有些植物為了將種子散播得更遠，會使用「組合技」。以堇菜為例，它散播種子的策略與那嬌小可愛的樣子有很大的落差，只要一碰到堇菜的蒴果，蒴果內的種子就會像子彈一樣彈射出來。而掉落至地面的堇菜種子上，有著由胺基酸與醣類構成的「油質體（elaiosome）」。螞蟻相當喜歡油質體，會把它們帶回巢中做為食物，吃剩的種子則會被丟棄在巢穴附近。豬牙花和堇菜一樣嬌小，但也會將種子彈射出去，再藉由螞蟻送至遠處。

就這樣，植物會用各種方法，將種子運送到遠處。在野外看到植物時，思考「這個植物是用什麼方法擴張棲息地的呢？」也是件有趣的事，不是嗎？

三角槭的種子，這種楓樹常用來作為行道樹。三角槭的種子上有羽毛，飛行時會旋轉。未成熟的種子會兩兩相連，成熟後則會一個個分開。

卷耳種子在日語中有著「附著蟲」之稱，其末端帶有倒鉤，可以附著在動物的毛上。魔鬼氈就是參考這種種子的原理開發而成。

製作出一片晚霞

　　如果有人統計「被小孩子問到什麼問題時最難回答？」的排行榜，「為什麼天空是藍色的？」的排名應該會很高。仔細想想，確實很不可思議。為什麼白天的天空是藍色的，晚霞的天空卻是紅色的呢？

　　換個方式思考。如果我們人在月球，那麼天空看起來還會是藍色的嗎？

　　從登陸月球的太空人送回的照片可以看出，月球上的天空是一片黑暗，不會有晚霞。為什麼地球的天空是藍色的，月球的天空卻不是藍色的呢？

　　地球與月球有個很大的差異，那就是一個有大氣，一個沒有。以下讓我們用實驗確認「要是有東西阻礙光線前進，光線看起來就會是藍色或紅色」的現象吧。

天空顏色的模型化

- ●寶特瓶（外表平滑的大寶特瓶）　1 個
- ●水　適量
- ●牛乳　適量
- ▶筆型手電筒（白光）

用寶特瓶來做實驗會比較方便，但
也能用多個圓筒狀容器代替，可以
達到同樣的效果（參考前頁照片）。

實驗方法

1. 在寶特瓶內裝滿水，加入數滴牛乳。

2. 蓋上 1 的蓋子，橫躺平放。

3. 以手電筒從寶特瓶底部照射（ⓐ）。

＊牛乳量不同時，效果也會不一樣，可以多嘗試各種組合。

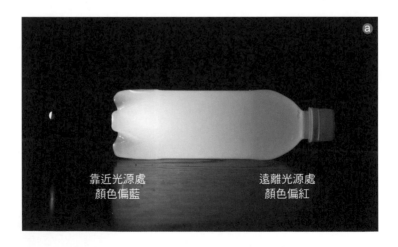

靠近光源處　　　　　　　　　遠離光源處
顏色偏藍　　　　　　　　　　顏色偏紅

為什麼會有晚霞？

拿手電筒從寶特瓶底部照射時，離底部越遠的地方越暗，且顏色也會有所變化。靠近光源的瓶底處偏藍色，遠離光源的瓶蓋處則偏紅色，為什麼會這樣呢？

陽光中包含了各種顏色的光線（p.31），每種顏色的光線，波長也都不一樣，藍光波長較短，為 460 ～ 500 nm；紅光波長較長，為 610 ～ 760 nm。陽光撞到空氣中的氮氣分子或氧氣分子時會散開來。藍光的波長較短、頻率較高，撞到分子時，較容易被打散，容易產生散射，所以藍光在空氣中沒辦法走得太遠。中午的太陽位於我們的正上方，光線通過的空氣厚度（大氣層）較短，所以我們較容易看到藍光。到了黃昏，陽光斜射至地面，光線通過的空氣厚度較長，所以我們較難看到短波長的藍光，而比較容易看到長波長的紅光。藍光較容易散射，所以在空氣中的前進距離比紅光短，無法進入我們的眼睛。

牛乳含有許多由脂肪球及蛋白質組成的小顆粒。光線打到這些小顆粒時會出現散射現象。與光源的距離越短，看起來越藍；與光源的距離越長，看起來越紅。

白天看到的藍色天空與黃昏看到的晚霞之所以有不同的顏色，就是因為阻礙陽光前進的空氣層厚度不同。

將手工藝用的釣魚線剪成 15 cm 左右長短，拿手電筒照射其中一端，另一端會呈現出晚霞的顏色（拿手電筒照射釣魚線束的右側，可得以上照片）。

土壤液化如何發生？

　　大地震時，可能會出現「土壤液化」的現象。想必各位應該也看過房子傾斜，人孔管道突出的照片或影片吧。發生這種事時，專家常用「這塊土地的地層不怎麼穩固……」之類的話來解釋這種現象。然而，要說清楚這件事，卻也沒那麼容易。

　　為什麼會出現土壤液化的現象呢？這裡就讓我們用容器內的土壤液化，來研究這種現象的成因吧。

　　近年來，為了防止土壤液化造成的災害，建造新建物時，常以混凝土固定地基，或者在地下打樁以穩固地基。請各位想想看，為什麼這種方式可以防止災害發生？

小瓶內的土壤液化

實驗所需物品

- 小瓶（容量 50 mL 左右的附蓋瓶子）
  1 個
- 小蘇打粉　1 大匙
- 圖釘　3 個左右
- 水　適量
- ▶ 塑膠棒（或者是免洗筷）

圖釘（照片右下）請選擇由塑膠與針組成的產品。

＊泥沙不易取得，也不方便丟棄，所以本實驗改用小蘇打粉。不過，小蘇打粉容易結塊，隨著時間經過，這個實驗會越來越難做。如果想要重複多次實驗，請準備顆粒細小的沙。

實驗方法

1. 將小蘇打粉倒入小瓶子內，加入圖釘。

2. 在 1 中倒滿水，蓋上蓋子後充分搖動（盡可能讓水和小蘇打粉混合在一起）。

3. 要是圖釘沒有沉到小蘇打粉底下，請用塑膠棒從上方壓下去（ⓐ）。

4. 用手指輕彈 3，並輕輕搖動（ⓑ）。

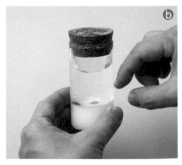

解說 為什麼圖釘會浮上來？

輕輕搖晃小容器時，被小蘇打粉埋在底下的圖釘會逐漸浮上來，這就是「液化」造成的現象。

圖釘的金屬部分密度大，會使圖釘下沉，其他小蘇打粉顆粒則會再覆蓋住圖釘。

小蘇打粉的顆粒會互相支撐，顆粒間的空隙則由水填滿。但在震動之後，顆粒會搖晃，破壞互相支撐的結構，使顆粒與圖釘在水中搖擺。圖釘的塑膠部分比周圍的小蘇打粉顆粒還要輕，所以失去支撐的圖釘會浮到顆粒上方。

地震時，人孔管道之所以會突出地面，也是同樣的原因。在含水量多的土壤中，土粒與沙粒間的水分支撐了整個地層的顆粒結構，但地震或地面搖動時，顆粒會四散漂浮於水中。人孔管道的內部中空，密度較周圍土壤小。周圍地面搖動時，人孔管道就會因為失去顆粒的支撐，往上浮起。

土壤液化時的地層變化（模式圖）

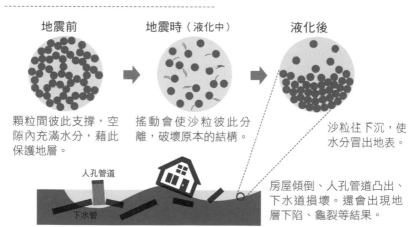

地震前　　　　　　　地震時（液化中）　　　　　液化後

顆粒間彼此支撐，空隙內充滿水分，藉此保護地層。

搖動會使沙粒彼此分離，破壞原本的結構。

沙粒往下沉，使水分冒出地表。

人孔管道

下水管

房屋傾倒、人孔管道凸出、下水道損壞。還會出現地層下陷、龜裂等結果。

方便的工具⑥

大托盤。能一次搬運所有實驗材料，特別是可能打翻的東西。有一定的防火性，如果實驗會用到火，可在底下墊一個托盤以防萬一。

第6章

可視化
～看到原本看不見的東西～

「將原本看不見、難以看見的事物，轉變成看得見的形式」，讓我們能從客觀角度評估事物。這種「可視化」的概念，在科學實驗中相當重要。

一位高中生曾想過，「最初的高爾夫球是表面光滑的球。表面加上凹凸紋路後，就改變了表面的空氣流動，明顯拉長了高爾夫球的飛行距離。既然如此，在螺旋槳槳葉刻上溝紋，是否也能增加風量呢？」使用螺旋槳的裝置很多，包括飛機引擎、電腦冷卻裝置等。若能有效率地提高螺旋槳產生的風量，便能減少消耗的燃料或電力。

首先，他試著在螺旋槳各處刻出溝紋，以了解要在哪裡挖出溝紋、要挖多深，才能增加風量。他想藉由測量風速來評估風量的大小。然而我們看不到風，風速計也只能測得某特定位置的風速，無法看出風的流動。於是他開始研究「如何用煙霧測得風的流動」，並「將塑膠繩分割成細條，分析各個位置的風強度」。他用了數百個扇葉，在各個位置刻上各種溝紋後，確認使用時的風向、風速，最後了解到，只要刻一條溝紋，就能讓風量大增。這個研究結果[※]在美國的高中科展中獲得了很高的評價，一顆由麻省理工學院林肯實驗室所發現的小行星，便以他的名字命名。綜上所述，將現象可視化後，便能從客觀角度評估「風量的大小」。

※ 田渕宏太郎《提升螺旋槳的效率─藉由簡單的表面加工改變風的流動─》（ファンプロペラの効率アップ　一風を変えるシンプルな表面加工─）

看到小番茄的甜度

　　如果要把外觀看起來完全相同的小番茄「分成三到四組」，各位會怎麼分呢？

　　首先應該是依照大小、重量、顏色等特徵來分類吧，不過其實還能用「比重」來分類。若是用比重來分類，有個很大的優點，詳見以下實驗。

確認小番茄的比重

實驗所需物品

- 小番茄　5 個左右
- 砂糖　適量
- 水　500 mL
- ▶ 透明容器（容量大於 500 mL，
  有一定高度的容器）

實驗方法

1. 將水倒入透明容器內。

2. 取下小番茄的蒂，投入 **1** 的水中，取出浮出水面的小番茄。

3. 在 **2** 的水中加入 1 大匙砂糖，充分攪拌（**ⓐ**）。要是沒什麼變化，就再多加一些砂糖。

4. 分別取出浮出水面的小番茄、浮在水中的小番茄、沉在水底的小番茄，嚐嚐看味道如何。

在水中加入砂糖後，有些番茄會浮出水面，有些則繼續沉在水底。嚐嚐看味道後，會發現沉在水底的番茄比浮出水面的番茄還要甜。越甜的番茄，含有越多蔗糖、果糖、葡萄糖等甜味成分。植物會借由莖、葉內的葉綠體進行「光合作用」。光合作用是藉由陽光，將二氧化碳與水合成為醣類的反應，由光合作用生成的醣類，會貯存在果實等植物器官內。貯存越多醣類的番茄，比重越大，越容易沉在水底。

那麼，究竟比重是什麼呢？簡單來說，就是「重量是同體積的水的多少倍」的意思。水的比重是 1.0，所以比重比 1.0 大的東西會沉在水底，比 1.0 小的東西會浮在水面上。

比重大小

水 ＜ 不怎麼甜的小番茄 ＜ 稀糖水 ＜ 甜的小番茄 ＜ 濃糖水

若比重大小為

小番茄 ＜ 糖水

則會浮在水面上

若比重大小為

糖水 ＜ 小番茄

則會沉在水底

　　糖水內溶解的砂糖越多，比重就越大。如果小番茄會沉在純水的水底，加入砂糖後卻會浮出水面，就表示小番茄的比重比水大，但比該濃度的糖水還要小。而沉在糖水水底的小番茄含糖量比浮出水面的小番茄還要多，所以會比較甜。

　　若要確實測量番茄的甜度，就需要切開小番茄，測量糖含量，但小番茄切開後就不能賣了，所以可以改用「比重」來比較，這樣就不需要切開小番茄也能判斷甜度了。

　　不過，現在有一種方法稱做「近紅外線分光法」，能直接測量番茄及其他水果甜度。蔗糖易吸收某個特定波長的光，所以使用近紅外線（800 ～ 2500 nm）測量該波長光線的衰減量，就可以得知蔗糖濃度，將看不見的「蔗糖量」「可視化」。

ATAGO 的「PAL- 光 感 應 器 3 MINi」。靠近小番茄或中型番茄的表面，就可以測量其糖度。農園、食品工廠中常使用「Brix」作為糖度的單位。

靜置的香蕉中發生了什麼事？

　　某些水果在摘取下來後仍會持續熟成，譬如香蕉就是在未熟的時候採收，然後靜置待其熟成的水果。像這種在採收後貯藏一段時間，使其自然熟成的過程，稱做「後熟」，哈密瓜也是後熟型水果。

　　另外，也有某些水果不能後熟，像是鳳梨、西瓜、草莓、葡萄、水梨等，這類水果就不會在還沒成熟時採摘。那麼所謂的「熟成」究竟是怎麼回事呢？讓我們用香蕉確認看看吧。

查驗香蕉的澱粉

實驗所需物品

● 未熟香蕉（還帶有一點綠色的香蕉）　1 根

● 熟透的香蕉（皮開始出現黑點的香蕉）　1 根

● 含碘的漱口藥　適量

▶ 菜刀、砧板、廚房紙巾（或者是衛生紙）

實驗方法

1. 將未成熟的香蕉與熟透的香蕉分別切段。

2. 在 **1** 的切口加上一些含碘漱口藥（ⓐ～ⓑ）。

3. 一邊染色，一邊用廚房紙巾由上而下輕壓，觀察香蕉的變化（ⓒ）。

日本市面上的香蕉幾乎都是進口品。成熟的香蕉可能會孳生「東方果實蠅」這種害蟲，給農作物帶來很大的影響。因此香蕉須在未熟的情況下進口，放置一段時間，待熟成之後再販賣，這就是香蕉的「後熟」。

　　取外皮仍有綠色部分的未熟香蕉，以及外皮出現黑點的成熟香蕉，切段後將漱口藥滴在切口上，會發現兩者變成紫色的範圍大小不同。漱口藥含有碘，接觸到澱粉時會轉變成紫色（碘與澱粉的反應，p.124）。未成熟的香蕉轉變成紫色的部分較多，即含有較多澱粉。

　　植物會透過葉子的光合作用合成澱粉，而澱粉是由葡萄糖形成的長鏈，是非常大的分子，無法與舌頭上的味蕾細胞結合，所以我們無法識別澱粉的味道。澱粉分解成較小的寡糖、麥芽糖、葡萄糖之後，才能與味蕾細胞結合，使我們感受到甜味。

　　香蕉內含有能將澱粉分解成糖的酵素。在後熟期間內，香蕉內的澱粉會陸續轉變成糖。剛採收的綠色香蕉中，澱粉占了 20 ～ 25%，有甜味的糖分約只占 1.5%；不過黃色的成熟香蕉中，澱粉降至 2%，糖分則升至 20%。

　　酪梨也是在採收後需靜置熟成的水果，為什麼原本堅硬的酪梨及香蕉在追熟之後會變得比較軟呢？

　　蔬菜及水果果肉的軟硬度，取決於果膠與纖維素的狀態。植物細胞外層有所謂的細胞壁結構，而細胞壁就是由果膠與纖維素組成。果實成熟後，細胞壁上的果膠與纖維素會陸續分解，使果肉變得較為柔軟。

　　其他需要後熟的水果還包括哈密瓜、奇異果、洋梨、水蜜桃、李子、柿子等，至於前面提到的鳳梨等水果，則是在成熟狀態下採收，不需經過後熟步驟。

澱粉可被酵素分解

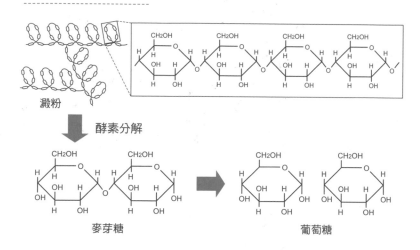

植物細胞與細胞壁（示意圖）

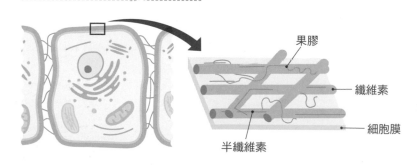

　　蕈菇常生長在樹的根部，看起來就像樹的小孩一樣，所以日語稱作「木之子」。香菇常長在椎木底下、金針菇常長在朴樹底下。但實際上，蕈菇並非這些樹木的小孩。食用蕈菇類多長在枯死的木頭上，人們便利用這種性質，以人工方式栽培蕈菇。

　　不過，松茸必定長在活著的赤松底部，吸取赤松從地下獲得的水分與養分。枯死的赤松不會長出松茸。松茸目前無法以人工方式栽培，所以價格昂貴。

　　樹木雖會長出蕈菇，但樹木真正的「小孩」是這些樹木的種子。那麼蕈菇的「小孩」又是什麼呢？

香菇長在樹木上。用砍下來的原木栽培蕈菇，又稱作原木栽培。

另外也可以用木屑壓制而成的塊狀物栽培蕈菇。市面上販賣的蕈菇多以這種方式栽培。

觀察蕈菇的孢子紋路

- 香菇（市售產品即可） 數個
- 黑色紙張（可放上數個香菇的大小） 1 張
▶ 菜刀、砧板等

1. 切下香菇的蒂，留下蕈傘部分（**ⓐ**）

2. 放在黑色的紙上，將有蒂的一側朝下（**ⓑ**）。

3. 靜置 1 天，再取走香菇（**ⓒ〜ⓓ**）。

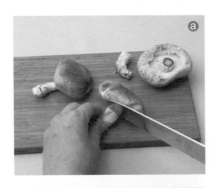

解說　蕈菇如何繁殖

蕈菇與黴菌同屬於真菌類，多數時間內都是在「菌絲狀態」下度過。菌絲是直徑僅為 $2 \sim 10 \mu m$ 的極細線狀結構，裡面有酵素可以分解植物，可以從植物中獲得營養。

菌絲成長到一定程度，且溫度濕度滿足一定條件時，就會生成「子實體」，這就是我們平常吃的蕈菇。子實體會製造出許多孢子，孢子則相當於植物的「種子」，可以飛到遠處，產生下一代。

雖然我們的眼睛看不到，但空氣中飄有各種真菌的孢子。若把食物放著不管就會發霉，這正是因為空氣中的黴菌孢子掉到食物上，長出菌絲以從食物獲取養分的關係。

在這次實驗中，黑紙上的白粉所形成的圖樣稱做「孢子印」，由許多孢子聚集而成。真菌的孢子大小約為 $5 \sim 10 \mu m$。約為頭髮直徑的1/100。雖然眼睛看不到一個個的孢子，但只要聚集起來後就會形成肉眼可見的孢子印。

蕈菇的孢子很小，菌絲非常細，卻可以伸得很長。事實上，世界上最大的生物就是一種真菌。在美國發現的一株蜜環菌（Armillaria mellea），分布面積可達 8.9 km^2，質量可達 600 噸。真菌十分長壽，這株蜜環菌的壽命估計有 2400 歲。

蕈菇的生命週期（示意圖）

子實體

孢子

菌絲

沖茶時會冒泡的原因

　　抹茶若沖得好，會出現漂亮的泡沫。煮黃豆或紅豆時，也會冒出一個個的泡泡。

　　這些冒泡現象其實都和同一類物質有關。從科學的角度來看，蛋與清潔劑在攪動後之所以會冒泡，也是因為同樣的原因。

　　究竟，為什麼攪拌後會出現「冒泡」現象呢？

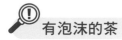
有泡沫的茶

實驗所需物品

- 茶（泡出來的茶） 適量
- ▶ 透明水壺（寶特瓶亦可）

實驗方法

1. 將茶倒入水壺內，倒至半滿。

2. 蓋上蓋子，充分搖動（ⓐ）。

解說 **為什麼茶會產生泡沫呢？**

　　茶確實會產生泡沫。所謂的「泡沫」，其實是水及其他液體包裹住空氣時所形成的球狀結構，用水包裹住空氣，就相當於在水分子之間塞入空氣，但水分子間有一定的吸引力，所以要達成這件事，必須用其他物質來隔開水分子。

　　界面活性劑（p.119）便有著這樣的功能，茶中有一種物質名為「皂素」，皂素就是一種界面活性劑。

　　拿著裝有茶的水壺或寶特瓶在路上走動，茶在搖晃過後，會與空氣混合產生泡沫。用茶筅攪動抹茶時會產生泡沫，是因為茶內有皂素；煮黃豆與紅豆時會產生泡沫，也是因為有皂素。草莓內含有名為山梨糖醇的界面活性劑，所以在煮草莓的時候也會產生泡沫。其實許多植物內都含有界面活性劑。

洗髮精會冒泡，就是因為界面活性劑能促進水包裹住空氣。在海中游泳後，洗頭髮時很難用洗髮精搓出泡沫，這是因為海水中的礦物質會與洗髮精內的界面活性劑結合，抑制界面活性劑的功能。日本的洗髮精拿到歐洲用時難以產生泡沫，原因也一樣。歐洲的水含有大量礦物質，屬於硬水，而日本的自來水則屬於軟水，不含礦物質，所以適合在日本使用的洗髮精，並不適合在歐洲使用。

那麼，為什麼歐洲是硬水，日本卻是軟水呢？歐洲有許多以石灰岩地形為主的平地，石灰岩內含大量礦物質，且河流很長，河水流經這些地區時會溶解許多礦物質。另一方面，日本山高水急，河流一下子就出海了，所以河水溶解的礦物質就少了許多。

◆泡泡的結構（示意圖）

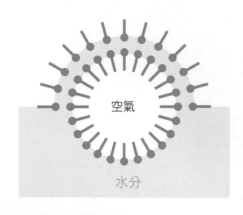

空氣

水分

疏水基 ●━━━━● 親水基

麥茶也含有皂素，可進行類似實驗。

被吸進去的水

　　杯子就像被施了魔法一樣，會自己將水吸入。蠟燭火焰消失後，杯子就會一口氣吸入大量的水。

　　蠟燭燃燒時產生的變化，似乎隱藏著水被吸進去的祕密。

觀察被杯子吸進去的水

實驗所需物品

- 小型杯狀蠟燭　1 個

- 水　適量

- 食用色素　微量

▶ 盤子（邊緣較高的盤子）、杯子、打火
機等

小型杯狀蠟燭、杯子、盤子等，
皆需準備適當大小的產品。

實驗方法

1. 在水中加入食用色素染色。

2. 將小型杯狀蠟燭放在盤子上，將 **1** 的染色水倒入盤子內，注意不要讓
蠟燭受潮（**ⓐ**）。

3. 為蠟燭點火，蓋上杯子（**ⓑ~ⓓ**）。

為什麼火會消失，水會被吸進來？

用杯子蓋住燃燒中的蠟燭後，蠟燭的火焰會越來越小，最後消失。蠟燭燃燒時需要氧氣，所以當杯中氧氣用盡，蠟燭就無法繼續燃燒。

蠟燭燃燒時會產生二氧化碳與水蒸氣，燃燒時，杯子內側的霧氣就是燃燒產生的水蒸氣遇冷凝結而成的水滴。

那麼，為什麼蠟燭熄滅後，杯子會將水吸進來呢？這是因為在蠟燭熄滅後，杯內氣壓變得比杯外氣壓低。但杯內氣壓又為什麼會變低呢？原因有幾個。

蠟燭燃燒時消耗的氧氣量，與產生的二氧化碳量相同，不過二氧化碳會溶於水中，所以當杯內產生的二氧化碳溶入水中後，便會讓氣壓下降。不過，這個其實影響並不大。

氣壓下降的主因是空氣本身的變化，杯子是在蠟燭燃燒時蓋上的，所以杯內的空氣一開始就是熱的，杯內的高溫空氣使其有較高的氣壓，但在蠟燭熄滅後，空氣溫度下降，使氣壓變低。

蠟燭熄滅後，杯內的氣壓就會變得比周圍氣壓還要低，所以會將水吸入杯內。

　　蠟燭燃燒時，蠟會越來越少，由此可以推測出是蠟在燃燒，不過如果直接用火接近蠟，蠟卻不會直接燒起來，但只要點燃燭芯，蠟燭就會穩定地燃燒，那麼，為什麼蠟本身燒不起來呢？

將蠟燭燃燒的原因可視化

實驗所需物品

● 蠟燭（一粗一細）　共 2 根

▶ 打火機、燭台

粗蠟燭可固定在燭台上，細蠟燭
請小心用手拿著。

實驗方法

1. 點燃粗蠟燭。

2. 點燃細蠟燭（ⓐ）。

3. 將細蠟燭拿開一些，吹熄粗蠟燭（ⓑ）。

4. 馬上將細蠟燭拿到粗蠟燭周圍 5 cm 左右的地方（ⓒ～ⓓ）。

解說 蠟燭燃燒的原因

　　拿一個燃燒中的蠟燭靠近剛熄滅的蠟燭時，在與燭芯有一段距離的地方會瞬間出現小小的火焰，就像是隔空傳焰一樣，原本熄滅的蠟燭又會開始燃燒。

　　為什麼蠟燭會再次被點燃呢？蠟燭之所以會燃燒，是因為有蠟，但固態的蠟並不會燃燒。仔細看剛熄滅的蠟燭，可以看到一陣白色的煙，這就是氣態的蠟在冷卻後所形成的小結晶。燭芯燃燒時，會加熱蠟，使蠟從固態轉為液態，再從液態轉為氣態，真正在燃燒的其實是氣態的蠟。蠟燭剛熄滅時，燭芯附近還保留著部分氣態的蠟，將火移近氣態的蠟時，氣態的蠟就會被點燃，看起來就像是隔空傳焰一樣。

　　觀察燃燒後的蠟燭，會發現燭芯周圍的蠟有一定程度的凹陷。在點燃蠟燭前，燭芯附近的蠟通常會高過周圍，或者和周圍同高，燃燒後卻會凹下去，為什麼會這樣呢？

　　火焰會加熱蠟燭周圍的空氣，熱空氣上升時，會在蠟燭周圍形成上升氣流，所以火焰的形狀會呈現圓錐狀。蠟燭周圍的空氣往上移動時，周圍的新空氣會補進來，蠟燭外側的蠟會接觸到這些溫度較低的新空氣，所以比較不會融化，但內側的蠟卻會不斷融化，融化的蠟會沿著燭芯往上移動，受熱轉變成氣態便開始燃燒。

　　這就是為什麼燭芯周圍的蠟會逐漸融化，外側的蠟卻融化得比較慢，使得燭芯附近產生凹陷。

蠟燭的燃燒機制

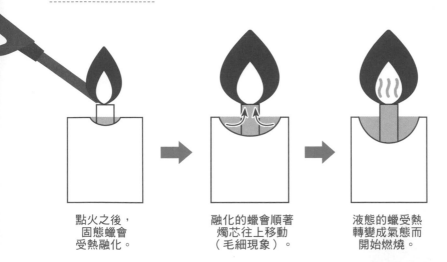

點火之後，
固態蠟會
受熱融化。

融化的蠟會順著
燭芯往上移動
（毛細現象）。

液態的蠟受熱
轉變成氣態而
開始燃燒。

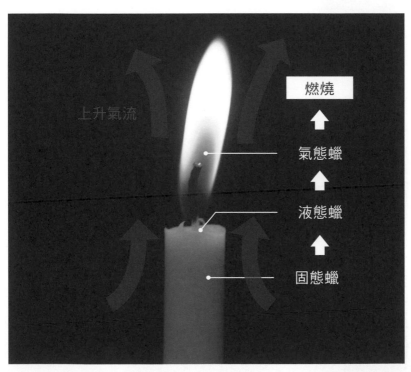

浮在空中的肥皂泡

　　吹肥皂泡時，泡泡會停留在空中一陣子，然後緩緩掉落，且只要碰上其他東西後就會破裂，漂浮在空中的時間相當短。讓我們利用氣體的重量差，試著拉長肥皂泡停留在空中的時間吧。

讓肥皂泡浮在空氣中

實驗所需物品

● 乾冰　適量

● 肥皂液　適量

▶ 透明瓶、棉手套、吹肥皂泡用的器

　具（吸管型）

若是徒手觸碰乾冰（照片左下），有可能會凍傷，實驗時請戴著乾燥的厚手套，並在通風處做實驗。

實驗方法

1. 戴上棉手套，在透明瓶內裝入乾冰（ⓐ）。

2. 過 1 分鐘後，對著 **1** 的瓶子吹出一個肥皂泡（ⓑ～ⓓ）。

＊要是無法取得乾冰，可以在瓶中以檸檬酸（或是醋）與小蘇打粉反應產生二氧化碳用於實驗。

為什麼肥皂泡會浮在空中？

乾冰是固態的二氧化碳，但溫度上升後，固態二氧化碳不會變成液態，而是會直接轉變成氣態，這樣從固態轉變成氣態的過程就稱做昇華（p.40）。

乾冰在標準大氣壓，也就是 1 大氣壓下，於 -78.5℃時會從固態轉變成氣態。空氣中的水分碰到乾冰時會凝結成小冰粒，所以我們才會看到白色的煙霧。

對著有二氧化碳的瓶子吹出肥皂泡時，肥皂泡不會落到瓶底，而是會浮在半空中，這是因為二氧化碳比我們呼出來的氣體還要重的關係。

隨著運動量的不同，二氧化碳占呼出氣體的比率也會改變，約在 1～9% 之間，不過通常會在 4% 左右。如果呼出氣體中，80% 為氮氣、16% 為氧氣、4% 為二氧化碳，那麼 1 m^3 的呼出氣體約為 1.3 kg 重。不過，呼出空氣中還含有水蒸氣，所以會比這個數字略重。至於 1 m^3 的二氧化碳則為 1.9 kg 重，明顯比呼出的空氣重。

瓶中的二氧化碳會沉在瓶底，包裹著呼出空氣的肥皂泡比空氣重，所以會往下掉。但呼出的空氣比純二氧化碳輕，故會浮在二氧化碳之上。我們無法用肉眼看出瓶中二氧化碳累積得多高，但吹出肥皂泡後，就可以從肥皂泡的停留位置看出二氧化碳的累積量。

二氧化碳這個名稱很常聽到，甚至我們呼出的氣體中也都含有二氧化碳，所以我們可能不覺得二氧化碳有什麼危險，但實驗時仍需小心安全。

空氣中的二氧化碳大約只有 0.04%，相當微量，不過，要是通風不

佳，使室內二氧化碳濃度達到 0.2%，就會出現頭痛、想睡的情況；要是二氧化碳濃度達到 4%，就會出現劇烈頭痛；要是超過 10% 就會失去意識；25% 以上就會馬上陷入昏睡狀態，並可能導致死亡。在實驗中製造二氧化碳時，一定要注意通風。

瓶內乾冰與肥皂液還可以用來做另一個氣化實驗。實驗時可能會有液體溢出，所以請做好防護措施。將肥皂液倒入內含乾冰的瓶內，此時乾冰會被加熱到 -78.5℃以上，所以會一口氣轉變成二氧化碳，冒出大量肥皂泡沫。

結語

　　我過去曾當過國中、高中老師，這十多年來，除了中小學生，也開設了許多以幼兒園、托兒所為對象的科學（化學）實驗室，讓小孩子們能實際動手體驗科學實驗。在我第一次開設以幼兒園學童為對象的實驗教室時，曾懷疑過，「讓這麼小的孩子做實驗有什麼意義嗎？」

　　那時做的實驗是用簽字筆在濾紙上畫出標記，然後用色層分析法分離油墨中的色素。學童們看到簽字筆的標記開始移動，還會分離成不同顏色的標記時，大為驚奇，而且十分開心。還有幾個學童開始思考「為什麼會這樣呢」「為什麼會有這種結果呢」。「為什麼？」正是學習自然科學的原點。在我聽到他們的問題後，開始覺得，「這是個引發出孩子們對自然科學興趣的好機會。既然如此，開設一個以幼兒園為對象的體驗型科學實驗教室，或許有著一定的意義」。這種體驗型的科學實驗，除了讓孩子們覺得好玩之外，應該也能引發他們對自然科學的興趣。幼兒園的老師們也注意到了學童們的變化，捎來「感謝您培育出了他們『好奇心的幼苗』」之類的信息。在這之後的十多年，我便持續開設著以幼兒園、低年級小學生等學童為對象的體驗型科學實驗教室。

　　許多低年齡的幼兒園生、小學生都很喜歡做實驗，但成為國中生、高中生，接觸的內容變難之後，討厭自然科學的學生卻越來越多。有人說，這種「厭惡自然科學」的風氣已在日本持續了一段時間。

　　不過，這種「厭惡自然科學」的現象，不只出現在國中生、高中生身上，在大人間也屢見不鮮。當很有人氣的電視節目說「某某東西對身體很好」，就會有許多人去買這種商品。如果問他們：「你知道為什麼這個東西對身體很好嗎？」他們通常只會回答「因為電視節目這樣講」之類，稱不上是說明的回答。他們之所以只能說出這種沒有邏輯的說明，就是因為他們沒有本書說的「理科力」。

　　本書由多個實驗構成，希望讀者們能透過各個實驗獲得更多「理科力」。透過「數值化」「分離」「比較」「反應」「模型化」「可視化」等方法，建立起科學性的邏輯，理解各種科學原理。請各位也試著藉由這些實驗，增加自己的「理科力」吧。

宮本一弘

《 参 考 書 籍 》

Harold McGee/ 著、香西みどり / 監訳、北山 薫・北山 雅彦 / 訳『マギーキッチンサイエンス―食材から食卓まで―』（共立出版、2008 年）

保坂 健太郎 / 著『子供の科学★サイエンスブックス きのこの不思議』（誠文堂新光社、2012 年）

Michael Faraday, A Course of Six Lectures on the Chemical History of a Candle, Charles Griffin and Co., 1865（レッド版）

照井 俊 / 著『理論化学の最重点　照井式解法カード【パワーアップ版】』（学研教育出版、2013 年）

《 参 考 論 文 等 》

吉野政治「なぜ虹は七色か」（『総合文化研究所紀要』28、pp.152 ～ 138、2011 年）

北原晴男・鳴海安久・佐藤裕美「リンゴ切断面褐変化の化学教材化」（『弘前大学教育学部教科教育研究紀要』25、pp.43 ～ 50、1997 年）

伊藤聖子・葛西麻紀子・加藤陽治「バナナの追熟および加熱調理による糖組成の変化」（『弘前大学教育学部紀要』110、pp.93 ～ 100、2013 年）

藤井智之「観察すること―松ぼっくりを開閉させる組織と細胞壁の構造―」（『森林総合研究所関西支所研究情報』103、p.1、2012 年）

進 悦子「科学工作教室「ぷるぷるいいにおい！オリジナル芳香剤をつくろう」実施報告」（『愛媛県総合科学博物館研究報告』11、pp.53 ～ 57、2006 年）

下山田 真「大豆タンパク質の加工特性 ―豆乳の凝固特性―」（『日本調理科学会誌』40<1>、pp.37 ～ 40、2007 年）

西澤詠子「豆腐づくり（ビギナーのための実験マニュアル , 実験の広場）」（『化学と教育』61<9>、pp.442 ～ 443、2013 年）

宮島 千尋「アルギン酸類の概要と応用」（『繊維学会誌』65<12>、pp.444 ～ 448、2009 年）

合谷 祥一「テクスチャーとおいしさ」（『化学と生物』45<9>、pp.644 ～ 649、2007 年）

サイエンスウィンドウ編集部「遊びから見つけるタネの不思議」（『サイエンスウィンドウ』2<8>、pp.1 ～ 28、2008 年）

河野澄夫「近赤外分光法による果実糖度の測定」（『食糧』43、pp.69 ～ 86、2005 年）

阿部勇徹・近乗偉夫「ミニトマトの糖度選別機」（『九州農業研究』53、p.157、1991 年）

平川昭彦・波柴尉充・斉藤 福樹 他「ドライアイスによる急性二酸化炭素中毒の 1 例」（『日本職業・災害医学会会誌』55<5>、pp.229 ～ 231、2007 年）

《 參 考 網 站 》

東京ガス　都市研コラム　暖かさを感じるとは？
https://www.toshiken.com/column/2006/10/post-135.html

日常生活との関連を重視した高校化学実験の指導資料集の作成　緑茶茶葉からカフェインの針状結晶を取り出す
http://www2.gsn.ed.jp/houkoku/2010c/10c20/10c20s.pdf

日本植物生理学会　みんなのひろば　砂糖と塩が水に溶けるそれぞれの理由
https://jspp.org/hiroba/q_and_a/detail.html?id=308

アツアツ 245　マイクロ波加熱とは？
http://microwave.jp/mw.html

キリヤ化学　色と化学についての Q&A　ミルクや豆腐はどうして固まるのですか？
http://www.kiriya-chem.co.jp/q&a/q29.html

Botany WEB　種子散布
http://www.biol.tsukuba.ac.jp/~algae/BotanyWEB/dispersal.html

たんちょう先生のじっけん教室　Vol.43 夕日をつくってみよう
http://cs.kus.hokkyodai.ac.jp/tancyou/vol.43/yuuhi.htm

東京都　建物における液状化対策ポータルサイト　液状化現象って何？
http://tokyo-toshiseibi-ekijoka.jp/about.html

日立化成　ふしぎはっけん！ためしてみよう　かがくじっけん
https://www.hitachi-chem.co.jp/japanese/csr/csr_documents/science.html

謝詞
　　　感謝梶山正明老師、木元規子、小林正弥、中木和代、平野宣子、吉武真（先生／女士），在你們的意見與鼓勵之下，這本書終於得以完成。
　　　感謝在我寫作本書時給了我許多精準建議的 SB Creative 田上理香子女士、提供許多美麗照片的佳川奈央女士。感謝開成中學的宮本老師接下本書的監修工作。十分感謝各位的幫助。

尾嶋好美

國家圖書館出版品預行編目資料

放學後的理科教室：33個在家就能做的小
實驗,玩出理科力!/ 尾嶋好美作;陳政疆
譯. -- 初版. -- 新北市：世茂出版有限公司,
2021.12
　　面；　公分-- (科學視界；262)
　ISBN 978-986-5408-70-1(平裝)

1.科學實驗　2.通俗作品

303.4　　　　　　　　　110016451

科學視界262

放學後的理科教室：33個在家就能做的小實驗，玩出理科力！

作　　者／尾嶋好美
監　　修／宮本一弘
譯　　者／陳政疆
主　　編／楊鈺儀
責任編輯／陳美靜
封面設計／林芷伊
出 版 者／世茂出版有限公司
地　　址／(231)新北市新店區民生路19號5樓
電　　話／(02)2218-3277
傳　　真／(02)2218-3239（訂書專線）
劃撥帳號／19911841
戶　　名／世茂出版有限公司　單次郵購總金額未滿500元（含），請加60元掛號費
世茂網站／www.coolbooks.com.tw
排版製版／辰皓國際出版製作有限公司
印　　刷／凌祥彩色印刷股份有限公司
初版一刷／2021年12月

Ｉ ＳＢＮ／978-986-5408-70-1
定　　價／360元

RIKEIRYOKU GA MINITSUKU SHUMATSU JIKKEN MIJIKANA FUSHIGI WO
YOMITOKU KAGAKU
Copyright © Yoshimi Ojima Supervised by Kazuhiro Miyamoto
Photo: Nao Kagawa and more
Book design : GOBO DESIGN OFFICE
Originally published in Japan 2019 by SB Creative Corp.
Traditional Chinese translation rights arranged with SB Creative Corp.,through AMANN
CO., LTD.

Printed in Taiwan

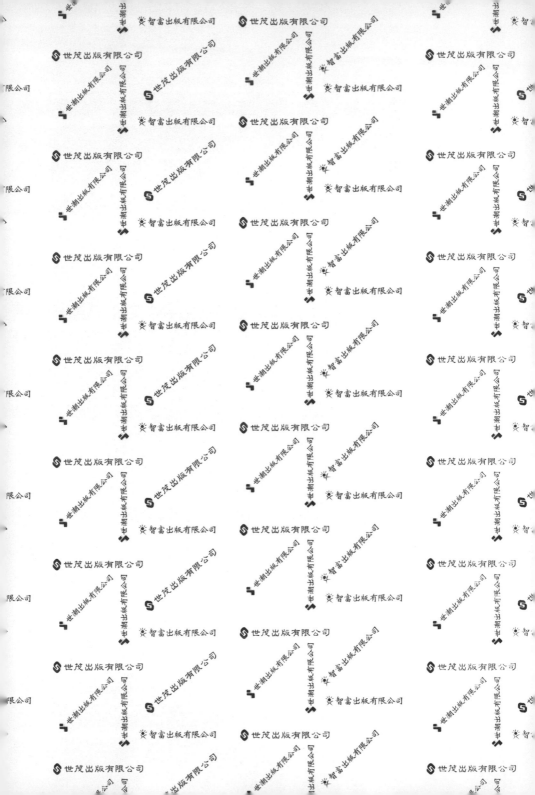